Heinz Sültz

DAS ERSTE BUCH
ZUM PHILIPS
COMPACT CASSETTEN RECORDER
EL 3300/01/02

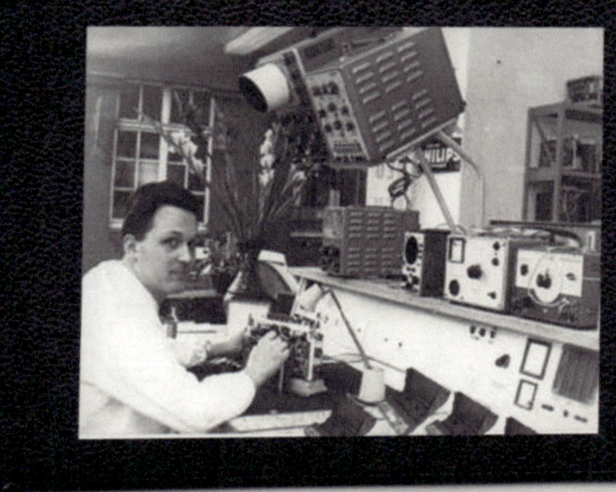

NEUAUFLAGE · 60 JAHRE PHILIPS

Uwe Heinz Sültz   EL 3300/01/02

Bibliografische Information durch die Deutsche Nationalbibliothek
Die Deutsche Nationalbibliothek verzeichnet diese Publikation in der
Deutschen Nationalbibliografie; detaillierte bibliografische Daten
sind im Internet über http://dnb.dnb.de abrufbar.

© Uwe H. Sültz, Autor

Herstellung und Verlag:

BoD – Books on Demand, Norderstedt

ISBN 9-78375-6-83756-4

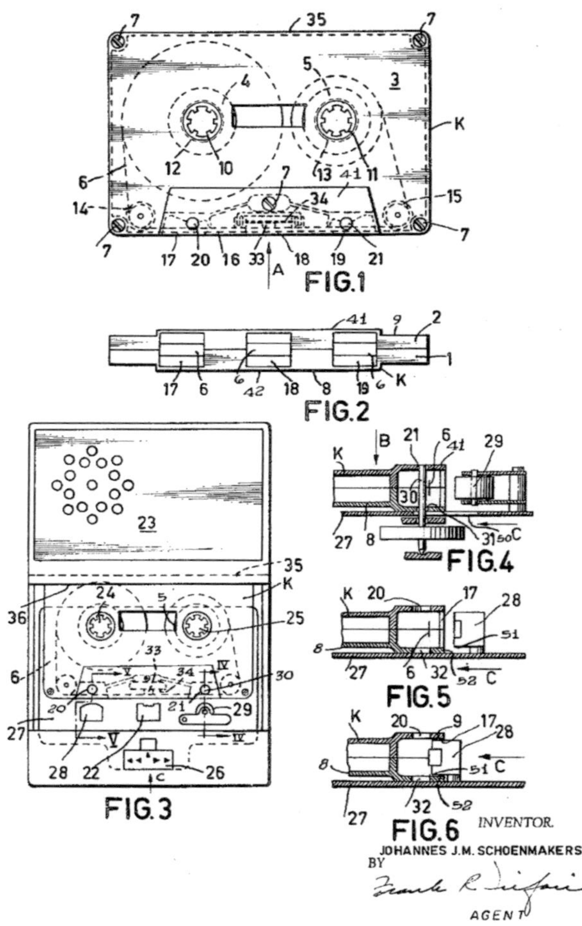

FIG.1

FIG.2

FIG.3

FIG.4

FIG.5

FIG.6

INVENTOR.
JOHANNES J.M. SCHOENMAKERS
BY

AGENT

Mein Name ist Heinz Sültz. Wir schreiben das Jahr 1976. Seit 1972 bin ich Radio- und Fernsehtechniker-Meister und seit 1974 eröffnete ich meine Radio- und Fernseh-Werkstatt. Heute, im Jahr 1976 wurde der letzte Compact Cassetten Recorder mit der Einknopf-Bedienung veröffentlicht. Alles begann bei der Funkausstellung 1963 in Berlin. Lou Ottens stellte seine Erfindung persönlich dort vor. Das welterste öffentliche Tondokument ist eine Aufnahme mit dem EL 3300 auf der Funkausstellung, die Funktion des Recorders wurde erklärt. Aber der Compact Cassetten Recorder generell ist nicht meine erste Leidenschaft, das sind mehr die Fernsehgeräte. Mein Sohn Uwe wächst gerade mit den Compact Cassetten und Recordern auf, im nächsten Jahr kommt er zu mir in die Lehre. Ich hoffe, daß auch meine Tochter Petra den Beruf der Radio- und Fernsehtechnikerin annehmen wird, sie würde dann eine der wenigen Frauen dieses Berufszweiges sein.

Dieses Buch befaßt sich mit dem weltersten Compact Cassetten Recorder von Philips der Serie 3300/01/02. Länger ist eine fast gleichbleibende Technik nie auf dem Markt gewesen. 13 Jahre gab es die Technik mit der Einknopfbedienung.

<u>Aber kommen wir zuerst noch einmal zurück zu meinem Werdegang:</u>

Schon als Jugendlicher interessierte ich mich für Radios. So baute ich 1948 als 9 jähriger einen Detektorempfänger. Es war eine Bauanleitung aus dem Rundfunk-Bastler. Dann war es einige Zeit ruhig, bis dann zwei Glücksfälle in meinem Leben eintraten. In unmittelbarer Nachbarschaft eröffnete 1949 ein

Altwarenhändler. Für Kupfer gab es viel Geld, und so kamen viele alte Radios zum Ausschlachten. Für freiwillige Mithilfe beim Händler, durfte ich an den Geräten basteln. Die meißten Uraltgeräte kenne ich also nicht nur von Bildern.

Mein zweiter Glücksfall war 1951 mein damals 32 jähriger Klassenlehrer. Im Krieg als Funker, hatte auch er Kontakt zur Radiotechnik. Wir gründeten schon Anfang der 50ziger Jahre in der Schule eine Radio-AG (Arbeitsgruppe) mit eigenem Lötkolben. Den habe ich heute noch. Radio RIM kennen aus der Zeit bestimmt noch viele Bastler. Einige Radio **Rim** Bastelbücher besitze ich auch heute noch. und oft lese ich auch noch darin.

Auch die Sendetechnik interessierte mich. 1957 baute ich einen Rohrkreissender im **UKW**-Bereich. Eine **ECC 40** brachte Schwingung und Leistung. Eine gute Antenne brachte den Rest.
Im Umkreis von 15 Km waren wir gut zu hören.
Aus unserer Schallplattenabteilung liehen wir uns

über das Wochenende die neuesten Scheiben aus. So machten wir ein tolles Programm.

Meine Lehrzeit

Vom Fernsehen wagten wir noch nicht einmal zu träumen. Ein Gerät kostete 1953 zwischen 2000-4000 DM. Wenn man da bedenkt, daß 80 % der Bevölkerung weniger als 400 DM im Monat verdienten. Am 1.1.1954 gab es 11.658 Fernsehteilnehmer. Als ich 1955 in die Lehre kam, waren es schon ca. 100.000. Nach meiner Lehre gab es dann Ende 1958 schon über 2 Millionen.

Am 1.4.1963 startete das **ZDF**. **UHF** hieß die neue Technik. Bei Philips in Hamburg besuchte ich ein einwöchiges Seminar. Der neue Fernseher **Philips Leonardo** war da. Der **UHF**-Tuner war eingebaut, natürlich mit Röhren, natürlich Schwarz/Weiß. Aber immer mehr sprach man vom Farbfernsehen.

Vor dem Start am 25. August 1967 besuchte ich einen einwöchiger-Lehrgang bei der Handwerkskammer in Münster. Nach dem Start jährlich bis zu 3 einwöchige Lehrgänge bei der Industrie. Hierfür wurde der Urlaub geopfert. Ehefrau Sigrid und Tochter Petra waren meist mit, denn die Lehrgänge waren in Urlaubsorten, wie Hamburg, Hildesheim, Fürth und Villingen. Mein Sohn Uwe blieb beim Opa.

1971 besuchte ich die Meisterschule in Oldenburg für 12 Monate mit einem Zusatzmonat für die Elektronikpässe, denn langsam wurde es Digital. Ab 1972 gab es immer mehr Volltransistor-Fernseher. Die Zeit der Vollmodul-Farbfernseh-Empfänger begann. Bei einigen wurde das komplette Chassis getauscht. 1974 schloß meine Firma, bei der ich als Meister beschäftigt war, und so eröffnete ich meine eigene Fernsehwerkstatt in Lünen.

1963 Seminar bei Philips in Hamburg
natürlich Röhren TV und schwarz weiß

Seminar bei Blaupunkt

Wieder Philips, wieder Hamburg
Noch Röhre, aber in Farbe

Prüfen der Farbreinheit

Techniker Schulung bei SABA
im Schwarzwald

So wurden 1969
Farbfernseher gebaut

Techniker Schulung
bei Grundig

Seminar bei Blaupunkt

<u>*Zurück zu* **Philips**</u>*:*

Es wird ganz bestimmt in Zukunft nie wieder ein Gerätetyp so lange produziert, wie die Serie **EL 3300/01/02**. *Ich spreche hier die Bedienung mit nur einem Knopf an. Natürlich gibt es heute zahlreiche Compact Cassetten Recorder vieler Firmen. Aber das grundsätzliche Prinzip, welches Lou Ottens Anfang der 1960er Jahre entwickelt hatte, ist im Innern der Reihe* **3300/01/02** *immer gleich geblieben. Die erste Serie* **3300** *hat einen fest eingestellten Motor. War dieser irgendwann einmal aufgebraucht, wurde er langsamer. Wer es nicht gemerkt hat, wunderte sich, dass eine 45 Minutenseite einer* **C 90** *plötzlich 50 Minuten aufnahm. Anfänglich waren die Recorder mit* **1x AC 126, 4x AC 125 und 2x AC 128** *Transistoren bestückt. Der Frequenzbereich lag bei* **120 bis 6000 Hz**. *Ein Kopfhörer kann an der 5-Pol-Buchse angeschlossen werden. Wird der Motor mit einer Regelung umgerüstet, sind dies mit einem kompletten Motorsatz* **22 DM** *und die Einbaukosten dazu. Nur ein Motor kostet* **12 DM**.

Der Recorder **3301** hat einen Frequenzbereich von **100 bis 7000 Hz**.

Einen Frequenzbereich von **80 bis 10.000 Hz** hat der **3302**. Diese Version hat ein moderneres Gehäuse. Philips hat eine Lausprecherbuchse eingebaut, für 5 bis 8 Ohm- Lautsprecher. Der elektrisch geregelte Motor verbesserte die Gleichlaufschwankungen. Alle Recorder wiegen 1,35 kg, die Maße: 115 x 200 x 55 mm.

Wird in meiner Werkstatt ein **A/W Kopf** benötigt, fallen für die Serie **3300/01** 10 DM, plus Einbau und Einstellung, an. Der **A/W Kopf** für die Reihe **3302** liegt bei 15,20 DM.

Ein Löschkopf für alle Typen: 9,50 DM.
Bandteller rechts oder links: 1,20 DM.
Je Antriebsriemen 72 mm oder 23 mm: 1,20 DM.
Eine Rutschkupplung kostet 3,50 DM.

Nachfolgende Bilder zeigen Ersatzteile, Chassis ohne Motorregelung und ohne Kupplung; und danach mit nachträglich eingebauter Motorregelung.

Instrument kompl.
..12 492 00000 Set
SERVICE
Motorprintplatte Umb...
4812 214 00000 Set ...
A/W und Lösch - Köpfe
4812 249 00000 Set kompl.
Schwungscheibe kompl.
4812 528 00000 Set
Schalter für EL 3302
4812 278 00000 Set
Motor kompl. Federring Tulle
4812 361 00000 Set
4812 124

PHILIPS
Service
Service
Service
Trägerplatten kompl.
4812 403 00000 Set
PHILIPS
4812 411 A0012
4822 347 10003
SERVICE
4812 361 00000 Set
Rotor kompl. Fühlfing. Teile
PHILIPS
2 x Aufnahmeknopf mit und
ohne Führung 4812 410 000

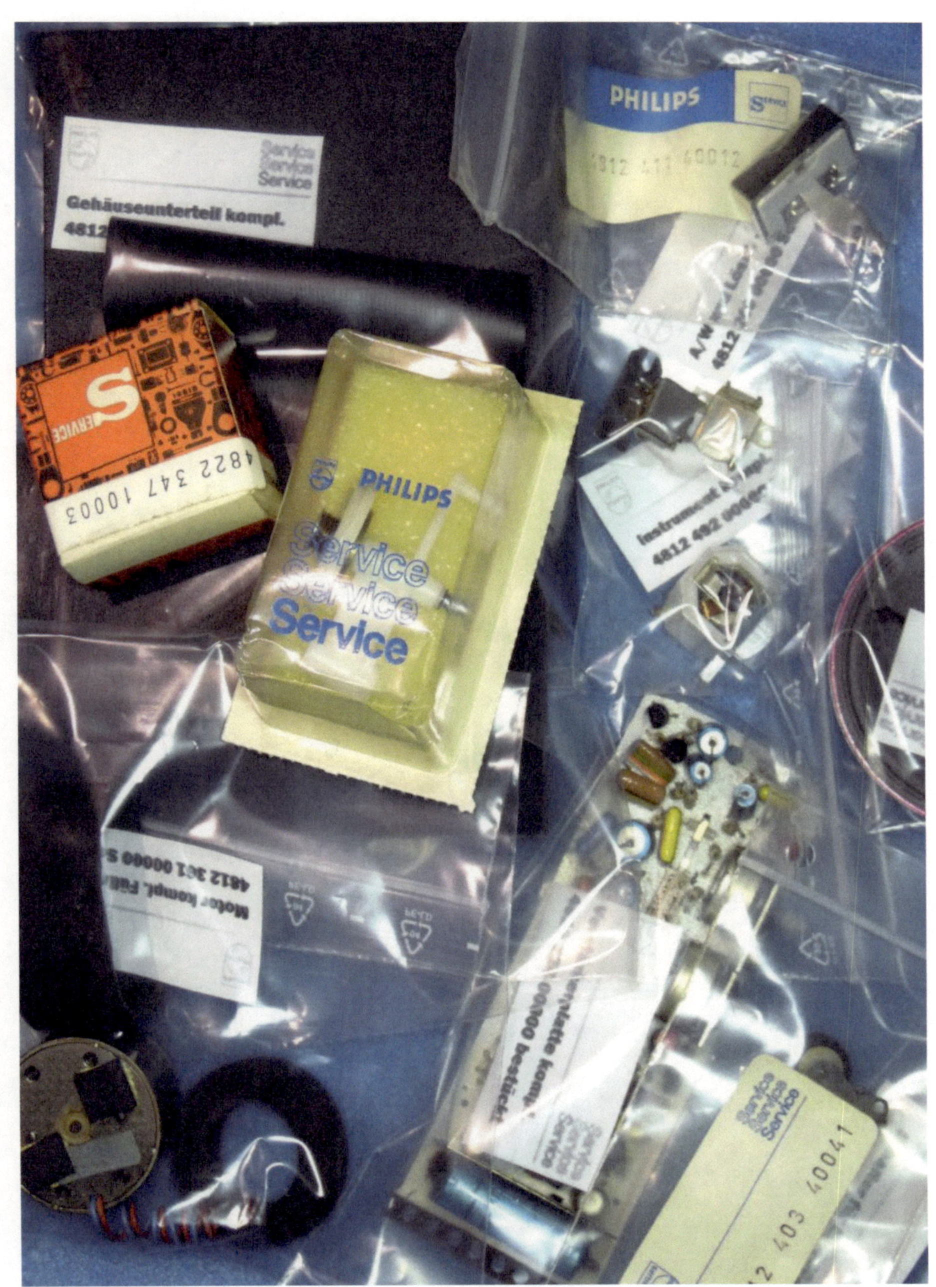

Service
Service
Service
Gehäuseunterteil kompl.
4812
PHILIPS
1912 411 40012
4822 347 10003
S
SERVICE
PHILIPS
Service
Service
Service
A/W
4812
Instrument
4812 482 0000
Motor kompl. Fül
4812 361 00000 S
platte kom
00000 bestück
Service
Service
Service
2 403 40041

PHILIPS
Service
Service
Service

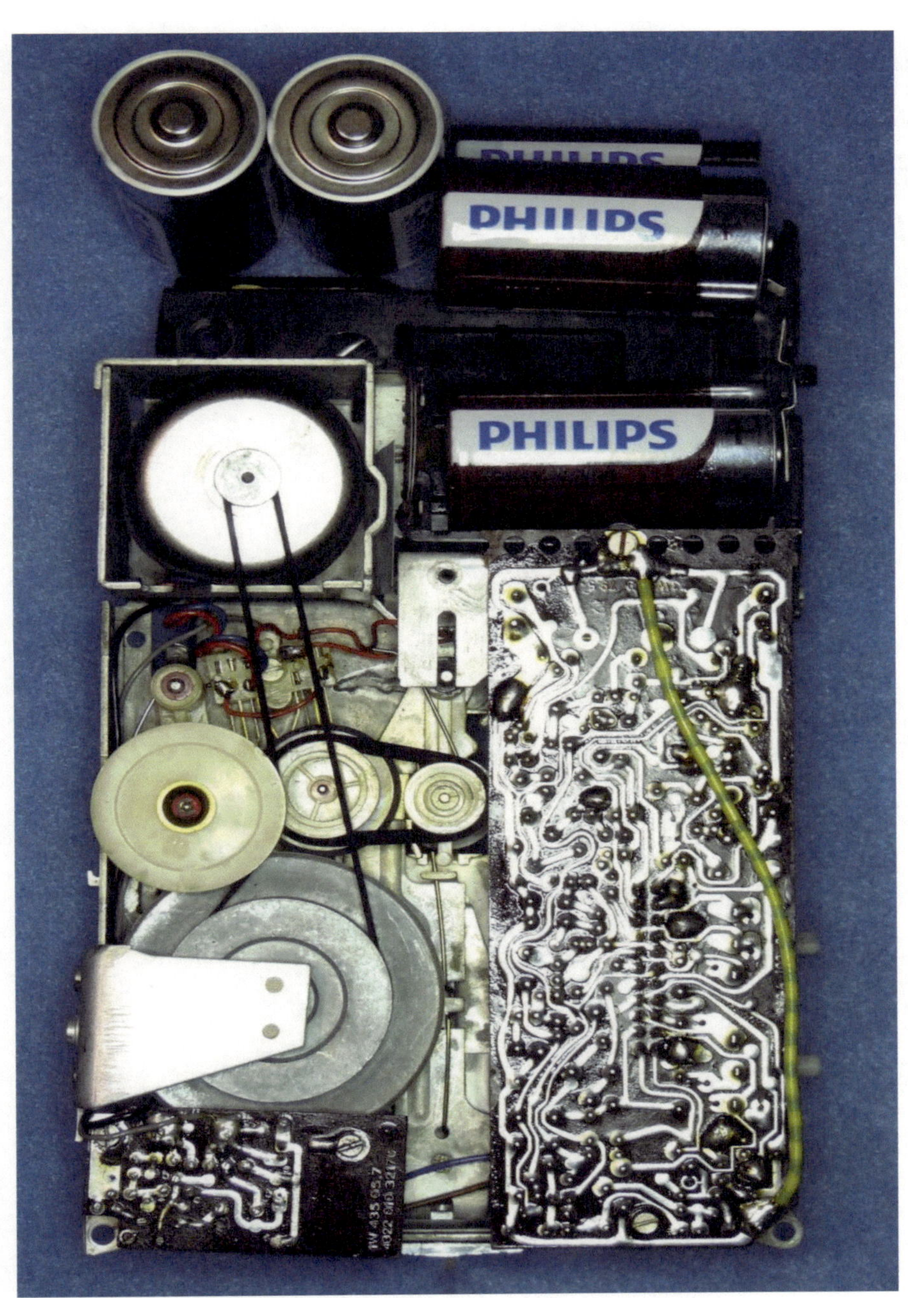

PHILIPS
PHILIPS
PHILIPS

Wussten Sie, daß es zwei Ausführungen des weltersten Compact-Cassetten-Recorders **PHILIPS** *EL 3300 gab? Es waren nur minimale Unterschiede, die hier zu sehen sind:*

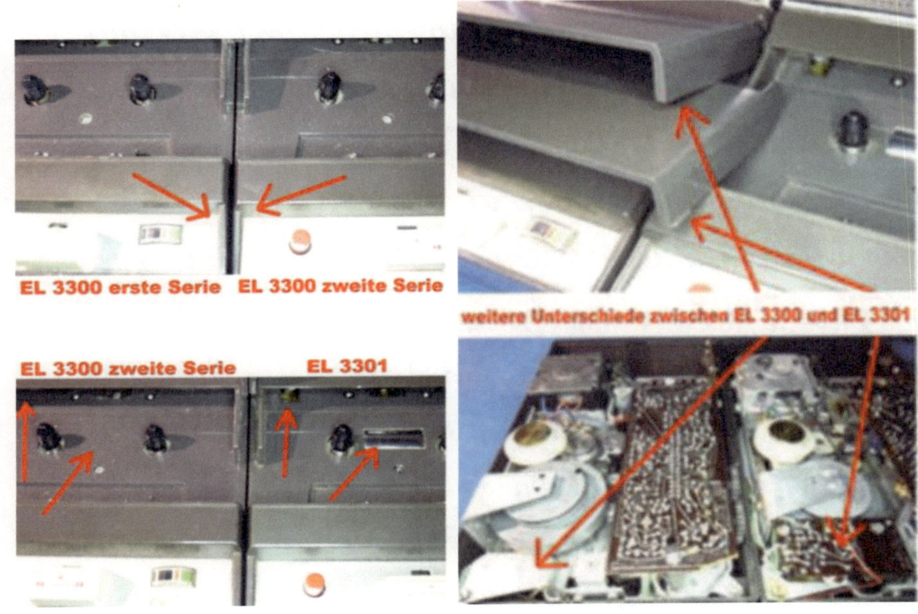

<u>*Etwas zur Geschichte der Cassette und des Recorders:*</u>

Die ersten **PHILIPS** *Cassetten wurden mit Schrauben und Muttern verschraubt. Alle* **EL 1903-01** *sind nach diesem Prinzip zusammengesetzt worden.*

Die erste Cassette beinhaltete ein Ferroband. Die **EL 1903-01** *wurde am 8.1.1963 von* **PHILIPS** *vorgestellt. Sie hatte keine Löschnasen und war schwerer als nachfolgende Modelle der 1960/1970'er Jahre. Das Band kam von* **BASF**, *ein sogenanntes*

FES 18-Band. Die Buchstabengruppe **LGS** und **PES** weisen auf den Aufbau des Bandes hin. Bei **LGS** steht das *L* für **LUVITHERM**, dem vorgereckten Kunststoffträger (**PVC**). Die Typenbezeichnung **PES** deutet durch die Buchstaben **PE** auf Polyester als Trägerfolie hin. Typ **PES 18** ist das dünnste Band. Es wurde in erster Linie für tragbare Batteriegeräte entwickelt, auf denen nur Spulen mit kleinem Durchmesser verwendet werden. Diese Geräte haben den für **PES 18** notwendigen geringen Bandzug. Die Zahl hinter der Buchstabenreihe, bei **PES 18** die *18*, gibt die Gesamtdicke des Bandes (Träger plus Schicht) in tausendstel Millimeter an. Je dicker das Band ist, umso robuster ist es. Somit ist das **PES 18-Band**, das in der weltersten **PHILIPS** Compact Cassette von **BASF** geliefert wurde, nur *18* tausendstel Millimeter stark.

Lou Ottens entwickelte damals den weltersten Compact Cassetten Recorder (Pocket-Recorder) **PHILIPS EL 3300.** Maßgeblich beteiligt im Team waren J.J.M. Schoenmakers und Peter van Sluis (die Urkassette **EL 1903,** den Recorder und den Mechanismus). Parallel wurde in Wien ein Einlochsystem hergestellt. Die Einlochkassette wurde von der Chefetage nicht angenommen.

Service:

Wird ein Motor neu eingebaut oder es erfolgt ein
Umbau zum geregelten Motor, gab Philips ein
Meßgerät an Händler aus.

Zur Grundlage:

Tesla ist der Endecker von Wechselstrom und
Drehstrom. Beide haben schnell weltweite Anwendung
gefunden. Ohne diese Entdeckung von Tesla, die es

erst möglich machte, elektrischen Strom über viele Hunderte von Kilometern zu übertragen, gäbe es die heutige Selbstverständlichkeit der Elektrizität mit ihren enorm vielseitigen Anwendungen nicht.

Bei Wechselstrom und Wechselspannung spricht man von elektrischen Größen, die in den Einheiten Ampere (A) und Volt (V) angegeben werden, deren Werte sich im Verlauf der Zeit (t) regelmäßig wiederholen. Der Wechselstrom ist ein elektrischer Strom, der periodisch seine Polarität (Richtung) und seinen Wert (Stromstärke) ändert. Das Gleiche gilt für die Wechselspannung.

Es gibt verschiedene Arten von Wechselstrom. Reine Wechselgrößen sind die Rechteckspannung, die Sägezahnspannung, die Dreieckspannung und die Sinusspannung (Welle) oder eine Mischung aus allen diesen Varianten.

In der Elektrotechnik werden hauptsächlich Wechselspannungen mit sinusförmigem Verlauf verwendet. Beim sinusförmigen Kurvenverlauf treten die geringsten Verluste und Verzerrungen auf.

Deshalb werden die folgenden Beschreibungen des Wechselstromes und der Wechselspannung anhand des sinusförmigen Kurvenverlaufs erklärt.

Wechselspannung wird durch Generatoren in Kraftwerken erzeugt. Dabei dreht sich ein Roter im Generator um 360 Grad. Dadurch entsteht eine Spannung mit wechselnder Polarität, also ein sinusförmiger Verlauf.

Die wichtigste Wechselspannung ist 230 Volt aus unserem Stromnetz. Es hat eine Frequenz von 50 Hz. Das sind 50 Umdrehungen in der Sekunde eines Rotors im Generator.

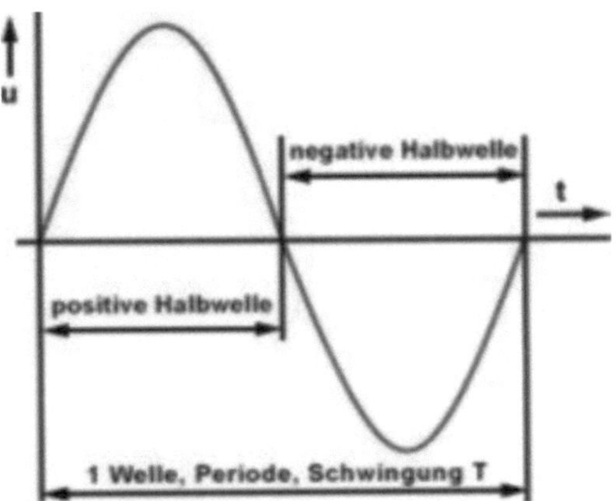

Die Ingenieure von Philips kamen nun auf die Idee, einen 50 Hz Ton auf dem Recorder abspielen zu lassen und dieses Signal mit der Wechselspannung zu vergleichen. Bei richtig eingestellter Motorumdrehung kommt es auf der Anzeige vom Meßgerät zur Schwebung der Aussteuernadel. Sie bewegte sich nur wenig in der Mitte des Instruments. Bei Geräten 3300/01 ist das Signal am Lautsprecher direkt abzunehmen.

Die Meß-Cassette hat auf der anderen Seite ein 8 kHz Signal aufgespielt bekommen. Man sieht daran, daß dieses Set erst ab dem 3302 ausgegeben wurde. Was ist nun nötig für eine Kopfeinstellung an 3300 und 3301 Recordern? Schon vorher gab es eine Testcassette mit einem 5000 Hz-Signal.

PHILIPS Service
Batterie – Tonbandgerät
EL 3302
EL 3302/G
Cassetten–Recorder
2. Auflage
PHILIPS Code: 4822 218 00199
5 kHz Azimuth-Service auf max. V-out einst
Noreleo
6 5.3

<u>Kleine Einstelllehre:</u>

Die Wiedergabe- und Aufnahmeköpfe sollten exakt 90 Grad zur Bandlaufrichtung liegen. Viele Köpfe sind aber nicht richtig justiert, nicht erst nach längerem Betrieb, sondern sogar im **NEU**-Zustand! Eine Bandaufnahme klingt immer dann am besten, wenn sie mit der gleichen Kopfeinstellung wiedergegeben wird, mit der sie aufgenommen wurde, egal ob diese nun richtig oder falsch ist. Sobald das Band in einem anderen Gerät abgespielt wird, welches eine andere Kopfeinstellung hat, klingt die Aufnahme dumpf, also ohne Höhen.

<u>Reinigung und Entmagnetisierung</u>

Den kompletten Bandpfad (alle Teile mit denen das Band in Kontakt ist) mit Tonköpfen, Capstanwelle(n) und Andruckrolle(n) reinigen.

Tonköpfe, Capstanwelle(n) und weitere metallische Teile im Bandlauf entmagnetisieren.

Die Entmagnetisierung aller metallischen Teile im Bandlauf ist deswegen dringend notwendig, damit die verwendeten Referenzkassetten nicht durch magnetisierte Teile leiden (z.B. würde Pegelverlust die Referenzkassette unbrauchbar machen).

Azimut (Spurfehlwinkel) des Wiedergabekopfs einstellen

Prüfung mit Azimut-Referenzkassette

Referenzkassette mehrfach umspulen, damit sich die Bandwickel auf die korrekte Bandlaufposition im Gerät einstellen können.

Referenzkassette einlegen und Testsignal abspielen.

Ausgangssignal des rechten und linken Kanals mittels 2-Kanal-Oszilloskop im XY-Betrieb (als Lissajous Figur) darstellen.

Tonkopf so verstellen, dass der Pegel am stärksten ist und sich dann ein schräger Strich (von unten links nach oben rechts im Winkel von 45°) auf dem Bildschirm ergibt (Phasengleichheit der beiden Kanäle).

Nach der Einstellung die Stellschraube am Tonkopf mit Schraubensicherungslack fixieren.

Zu höheren Frequenzen hin wird in der Darstellung am Oszilloskop aus einem "Strich" mehr und mehr ein ovaler Ellipsoid, der immer noch von links unten nach oben rechts im Winkel von 45° verläuft, aber sich mehr und mehr öffnet (sichtbarer Spurfehlwinkel).

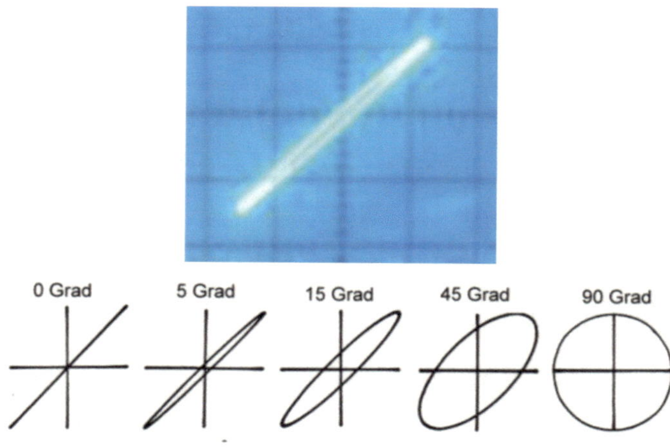

<u>**Hier einmal sind die ersten Testcassetten zu sehen:**</u>

Prüfung der Kupplung.

Sowie Kontrolle der

Bandteller.

Kontrolle der

Eintauchtiefe.

<u>Hier auch zu sehen, die erste Bandlauf-Spiegel-Cassette.</u>

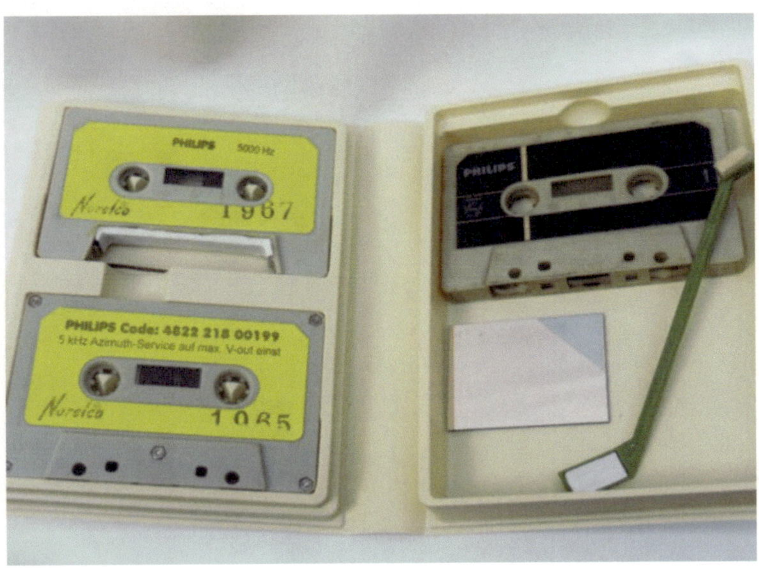

Philips Compact Cassetten bis heute:

<u>**Tipps:**</u>

-Cassetten regelmäßig umspulen

-Klebestellen zwischen Band und Vorspannband kontrollieren

-weißer Pilz schadet nicht, abwischen, umspulen, Folien säubern

 -Neben dem Band ist auch die Gleitfolie ein Verschleißteil

-verklebte Gehäuse sind stabiler, lassen sich aber nicht öffnen

-verschraubte Gehäuse nachschrauben

-nicht senkrecht stehende Bandumlenkstege verursachen Azimutfehler, dann lieber nur die Bandführungsrollen benutzen

-Andruckfedern geben nach, nachbiegen oder erneuern

-Andruckfilze werden schmutzig, erneuern

-die Lackschicht, in der die Magnetpartikel eingebunden sind, ist nicht bei allen Herstellern gleich abriebfest, Köpfe, Welle, Rolle reinigen

-Laufwerk staubfrei halten

-Bandsalat entsteht durch elektrische Aufladung der Gleitfolien, durch verschlissene Gleitfolien, durch verschmutzte Andruckrolle oder Welle, durch defektes aufwickeln (Kupplung)

-regelmäßig das Laufwerk des Recorders reinigen und entmagnetisieren

Auf den nachfolgenden Seiten ist Werbung von Philips zu sehen:

taschen-recorder 3300

Der Philips taschen-recorder ist ein Batterie-Kleinstgerät. Er ist kaum größer .als eine Zigarrenkiste und bietet doch wie ein großes Gerät alle Aufnahme- und Wiedergabemöglichkeiten.

Ein ganz besonderer Pfiff des taschen-recorders ist die Schnellwechsel-Kassette. Ohne umständliches Bandeinfädeln ist die Kassette „im Handumdrehen" einzusetzen und nach 30 Minuten Spielzeit ebenso schnell für weitere 30 Minuten umzulegen. Das spart Zeit und Aufmerksamkeit, die um so mehr dem Aufnahmevorgang zugute kommen.

Das zum Gerät gehörende Mikrofon erschließt eine weite Anwendungsskala. Sie reicht von der Kurzreportage über die Aufnahme zur Dia- und Schmalfilmvertonung über die Musikaufnahme bis zur beruflichen Verwendung, etwa der Aufzeichnung eines Kundengespräches. Aber auch Überspielungen vom Plattenspieler, Tonbandgerät, Auto- oder Heimrundfunkgerät sind möglich.

Die Wiedergabe geschieht über den eingebauten Lautsprecher des Gerätes. Sie kann auch über den Lautsprecher eines Rundfunkgerätes vor sich gehen. Zu Hause läßt sich der taschen-recorder über ein Netzteil aus der Steckdose versorgen. Dabei schalten sich die eingesetzten Batterien des Gerätes ab.

Als auto-recorder läßt sich der taschen-recorder 3300 ebenfalls verwenden. Mit der Autohalterung wird er unter das Armaturenbrett montiert und kann mit einem Griff herausgenommen werden. Im Auto erfolgt Aufnahme und Wiedergabe über das Autoradio. Natürlich sind auch Mikrofon-Aufnahmen zum Festhalten von Gesprächsnotizen möglich. (Stromversorgung aus der Wagenbatterie.)

Die Bedienung des taschen-recorders 3300 ist kinderleicht. Mit einem Knopf lassen sich die Hauptfunktionen: Bandlauf — schneller Vor- und Rücklauf — einstellen. Zur Bedienungserleichterung ist das Mikrofon mit einer Fernbedienung versehen. Diese kann unabhängig vom Mikrofon benutzt werden.

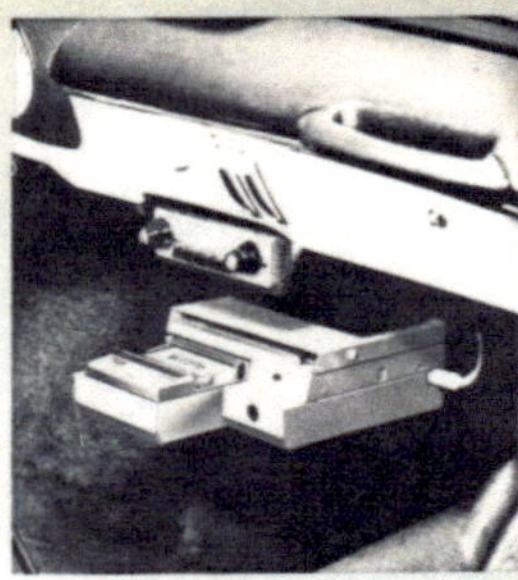

Technische Einzelheiten:
Bandgeschwindigkeit 4,75 cm sec; Batterie-Lebensdauer ca. 20 Std.; Batterie- und Aussteuerungsanzeige; Gewicht: 1,3 kg mit Batterie; Abmessungen: 197 x 113 x 57 mm. Zum Gerät mitgeliefertes Zubehör: Bereitschaftstasche, Mikrofon mit abnehmbarer Fernbedienung und Mikrofonstütze, Bandkassette, Verbindungskabel, Überspieladapter. Zusätzlich lieferbar: Netzteil EL 3786, Kopfhörer NG 1223/03, Auto-Einheit EL 3794 zum Betrieb im Auto.
Techn. Daten auf Seite 13

	3300	RK 5L
Bandgeschwindigkeit (cm/sec.)	4,75	4,75
Frequenzbereich (Hz)	120–6000	80–8000
Anzahl der Spuren	2	2
max. Laufz. Std. (Doppel-Spbd.)	1	2
max. Spulengröße (cm ∅)	Kassette	10
Bestückung	Transistoren AC 126 4 x AC 125 2 x AC 128	Transistoren 2 x AC 125, 2 x AC 2 x AC 128, OC 7
Aufnahme mono stereo	x —	x —
Wiedergabe mono stereo	x —	x —
Gleichlaufabweichung (%)	$\leq \pm 0,5$	$\leq \pm 0,5$
Störabstand (dB)	≥ 40	≥ 40
Trickausstattung	—	—
Endstufe (W)	250 mW	500 mW
Gehäuselautsprecher (W)	0,5	3
Mithören bei Aufnahme	—	—
Klangregler	—	x
Automatische Endabschaltung	—	—
Aussteuerungskontrolle	Zeigerinstrument	Zeigerinstrumer
Eingänge: Mikrofon Rundfunk Plattenspieler	} 0,3 mV/2 kOhm m. Adapter NG 1201	} 0,3 mV/2 kOh m. Adapter NG 1:
Ausgänge: Rundfunk/Verst. (V) Außenlautsprecher (Ohm)	0,5 —	1 —
Kopfhöreranschluß (Ohm)	1000 Ohm (Wiederg.)	1000 Ohm (Wiede
Fernbedienung	EL 3796 (mitgel.)	EL 3796
Betriebsspannung (V)	7,5 (Batt.)	9 (Batt.)
Leistungsaufnahme (W)	ca. 0,75	ca. 1
Gehäuse	Polystyrol	Polystyrol
Farbausführung	2farbig grau	2farbig grau
Abmessungen (mm)	196 x 56 x 113	265 x 95 x 19(
Gewicht (kg)	1,35	3,65
Besonderheiten	Kassettenbetrieb	Batt.-Betrieb, trans Spulenabdecku abnehmb. Trage
geeignete Mikrofone	EL 3797 (mitgel.), EL 3781, EL 3782, NG 1219	EL 3755 (mitgel.) 3781, EL 3782, NG

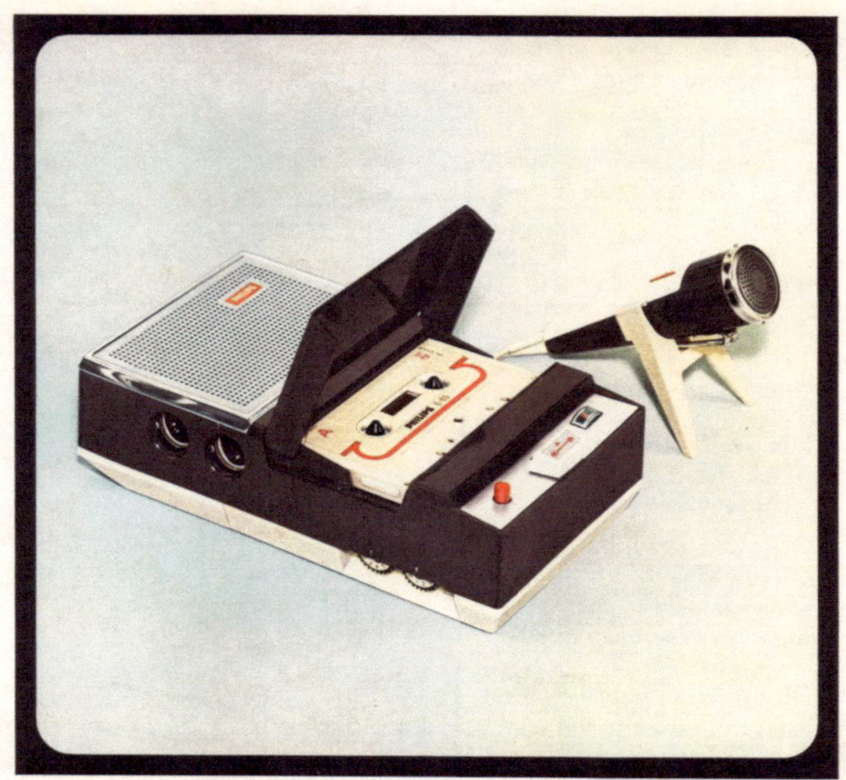

Philips Cassetten-Recorder 3301

Die Tonbandzukunft hat schon begonnen. Die sensationelle Compact-Cassette ist der Beginn einer neuen Epoche in der Tonbandtechnik. Philips bietet allen Tonbandfreunden für eigene Aufnahmen die Compact-Cassette C-60 (Spielzeit 2 x 30 Minuten) und die Compact-Cassette C-90 (Spielzeit 2 x 45 Minuten) sowie fertig vorbespielte Musik-Cassetten des gleichen Systems. (Lesen Sie mehr darüber auf der Seite 16.)

Für diesen Tonträger von morgen wurde der sensationelle Philips Cassetten-Recorder 3301 entwickelt, der die Vorteile der Compact-Cassette konsequent ausnutzt. Er ist klein – kaum größer als eine Zigarrenkiste. Leicht, netzunabhängig und völlig einfach zu bedienen. Mit einem Griff ist die Compact-Cassette eingelegt – das Gerät eingeschaltet. Er spielt im Garten – beim Camping – am Strand – überall. Im Hause – z. B. bei Aufnahmen für die Familienchronik – läßt er sich aber auch mit einem Netzvorschaltgerät aus der Steckdose betreiben – das schont die Batterien. Eine weitere Bedienungs-Erleichterung bietet eine zum Gerät gehörende Fernbedienung.

Compact Cassette

Problemlos in der Bedienung, modern in der Bauweise, bietet der Philips Cassetten-Recorder Aufnahme- und Wiedergabemöglichkeiten eines großen Tonbandgerätes. Aufgenommen werden kann mit dem Mikrofon oder vom Plattenspieler, Radio oder einem anderen Tonbandgerät.

Die Wiedergabe erfolgt wahlweise über den eingebauten Lautsprecher, über ein Rundfunkgerät, eine Verstärkeranlage oder über Kopfhörer.

Auch im Auto läßt sich der Philips Cassetten-Recorder verwenden – zum Aufnehmen oder Abspielen. Mit einer Autohalterung wird er unter das Armaturenbrett montiert und läßt sich mit einem Handgriff bequem jederzeit auch herausnehmen.

Und was die Aufbewahrung der Compact-Cassetten anbetrifft – dafür gibt es ein praktisches Archivsystem. Jede Compact-Cassette ist in einer formstabilen Box verpackt. Für je sechs Cassetten-Boxen gibt es einen Cassetten-Halter. Jeder läßt sich wiederum sinnvoll verbinden, so daß die Aufbewahrung Ihrer Compact-Cassetten kein Problem, sondern eine wahre Freude ist.

Im Preis einbegriffenes Zubehör: Bereitschaftstasche, Mikrofon mit abnehmbarer Fernbedienung und Mikrofonständer, Cassette, Verbindungskabel, Überspieladapter.

Technische Einzelheiten: Max. Spieldauer 2 x 45 Min. mit Cassette C-90, Batterie-Lebensdauer ca. 20 Std., Aufnahmeverriegelung zur Vermeidung des unbeabsichtigten Löschens von vorbespielten Musik-Cassetten, Batterie- und Aussteuerungsanzeige, Anschlußschluß für Netzvorschaltgerät.

Technische Daten auf Seite 15.

5

EL 3790
Dynamisches Mikrofon
Richtcharakteristik: Kugel, Empfindlichkeit 0,35 mV/μbar, Impedanz 500 Ohm, für alle Geräte
DM 34,—*)

NG 1212
Dynamisches Mikrofon
Richtcharakteristik: Kugel, Empfindlichkeit 0,28 mV/μbar, Impedanz 500 Ohm, für alle Geräte
DM 36,—*)

EL 3781
Dynamisches Mikrofon
Richtcharakteristik: Kugel, Empfindlichkeit 0,35 mV/μbar, Impedanz 500 Ohm, Stativgewinde 3/8"; für alle Geräte
DM 42,—*)

EL 3782
Dynamisches Mikrofon
Richtcharakteristik: Niere, mit Sprache/Musikschalter, Empfindlichkeit 0,20 mV/μbar, Impedanz 500 Ohm, Stativgewinde 3/8"; für alle Geräte
DM 69,—*)

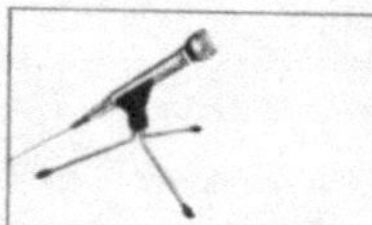

NG 1219
Dynamisches Breitband-Mikrofon
Richtcharakteristik: Niere, Frequenzbereich 40 – 16 000 Hz, Empfindlichkeit 0,18 mV/μbar, Impedanz 200 Ohm, für alle Geräte (einschließlich Tisch-Stativ mit 5 m Anschlußkabel)
DM 169,—*)

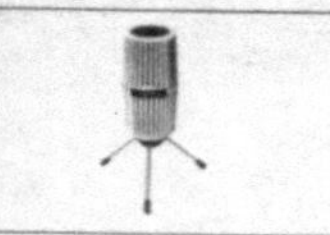

EL 3757
Dynamisches Stereo-Mikrofon
mit 2 eingebauten Systemen, Empfindlichkeit 0,20 mV/μbar, Impedanz 500 Ohm (je Kanal), mit 5poligem Normstecker, Stativgewinde 3/8"; für RK 37 und RK 66
DM 120,—*)

NG 1206
Verlängerungsleitung (6 m)
mit Kabelhaspel
mit 5poligem Normstecker und 5poliger Normbuchse, verwendbar für alle Mono- und Stereo-Mikrofone mit 500 und 200 Ohm Impedanz
DM 20,—*)

NG 1205
Mikrofonstativ
verwendbar für Mikrofone EL 3781, EL 3782, NG 1219, EL 3757
DM 40,—*)

NG 1226
Verbindungskabel I
mit 2 x 3poligem Normstecker (mit Überspielwiderstand)
DM 7,20*)

NG 1227
Verbindungskabel II
für ältere Rundfunkgeräte, mit 3poligem Normstecker, Bananensteckern und Flachstecker
DM 7,20*)

NG 1230
Verbindungskabel IV
für Stereoanschluß, mit einem 5poligen und zwei 3poligen Normsteckern
DM 10,20*)

EL 3796
Fernbedienung für RK 5 L
DM 9,20*)

EL 3794
Auto-Einbaueinheit
für Cassetten-Recorder 3301 zum Betrieb über das Autoradio. Einfache Bedienung durch ausfahrbaren Schlitten. Leichte Entnahme des Gerätes.
DM 110,—*)
EL 3798
mit eingebautem 2,5-W-Verstärker zum Anschluß an Wagenlautsprecher.
DM 185,—*)
NG 1203/01
Galvanischer Telefonadapter
für RK 12, 25, 37, 65 und 66
DM 28,—*)
NG 1203: für 3301, RK 5 L
DM 28,—*)

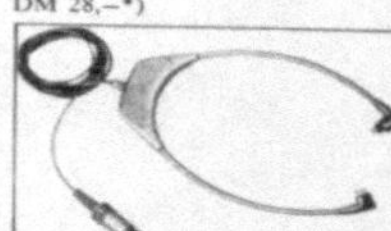

NG 1223/03
Mono-Kopfhörer
mit Abhörgabel für EL 3301, RK 5 L, 25, 37 und 65
DM 29,—*)
NG 1238/01
Stereo-Kopfhörer
mit Abhörgabel für RK 66
DM 33,—*)
EL 3984/15
Fußschalter
für RK 25, 37, 65 und 66
DM 28,—*)
EL 1997/00
Vorschaltgerät
für EL 3305 bei 12 V Betrieb
DM 15,—*)

NG 1213
Netzvorschaltgerät für Recorder 3301 und RK 5 L zum Betrieb am Lichtnetz, Leistungsaufnahme ca. 3 W. für 220 V
DM 55,—*)

EL 3787/00 A
Zusatzverstärker
zum Anschluß an die Tonbandgeräte RK 25 und RK 65, für Duoplay, Multiplay und Stereowiedergabe.
DM 89,—*)
NG 1204
Schutztasche für RK 5 L
zur Schonung des Gerätes bei Außenaufnahmen, modernes Schottenmuster
DM 18,50*)
NG 1202
Trageriemen für RK 5 L
mit Mikrofonhalter, anstelle des Tragebügels zu befestigen, schwarzes Leder.
DM 10,50*)
EL 1901
Cutterbox
mit Schneide-Vorrichtung sowie Sortiment von Vor- und Nachspann-, Schalt- und Klebeband.
DM 13,50*)   Abb. Seite 12

NG 1231
Verbindungskabel V
für Stereoanschluß, mit zwei 5poligen Normsteckern (mit Überspielwiderstand)
DM 10,20*)

Philips Tonbänder und Compact-Cassetten.

Type	Bandart	Spulengröße	Bandlänge	Preis
LP 13	Langspielband	13 cm	270 m	13,80*)
LP 15		15 cm	360 m	16,80*)
LP 18		18 cm	540 m	22,80*)
DP 8	Doppelspielband	8 cm	90 m	6,—*)
DP 10		10 cm	180 m	10,50*)
DP 13		13 cm	360 m	18,50*)
DP 15		15 cm	540 m	25,—*)
DP 18		18 cm	730 m	33,50*)
TP 8	Dreifachspielband	8 cm	135 m	11,—*)
TP 10		10 cm	270 m	17,—*)
C 60 Compact-Cassette zum Aufnehmen · Spielzeit 2 x 30 Minuten DM 11,50*)				
C 90 Compact-Cassette zum Aufnehmen · Spielzeit 2 x 45 Minuten DM 15,—*)				

14

*) ungeb. Preis

	3301	RK 5L
Bandgeschwindigkeit (cm/sec.)	4,75	4,75
Frequenzbereich (Hz)	100 – 7000	80 – 8000
Anzahl der Spuren	2	2
max. Laufzeit (Std.)	1,5 Std. mit C-90	3
max. Spulengröße (cm ⌀)	Compact-Cassette	10
Bestückung	Transistoren AC 126 4 × AC 125 2 × AC 128	Transistoren 2 × AC 125, 2 × AC 1 2 × AC 128, OC 70
Aufnahme mono	×	×
Aufnahme stereo	–	–
Wiedergabe mono	×	×
Wiedergabe stereo	–	–
Gleichlaufabweichung (%)	≦ ± 0,5	≦ ± 0,5
Störabstand (dB)	≧ 40	≧ 40
Trickausstattung	–	–
Endstufe	250 mW	500 mW
Gehäuselautsprecher (W)	0,5	3
Mithören bei Aufnahme	–	–
Klangregler	–	×
Automatische Endabschaltung	–	–
Aussteuerungskontrolle	Zeigerinstrument	Zeigerinstrumen
Eingänge: Mikrofon / Rundfunk	}0,3 mV / 2 kOhm	}0,3 mV / 2 kOhm
Plattenspieler	mit Adapter NG 1201	mit Adapter NG 12
Ausgänge: Rundfunk/Verst.(V)	0,5	0,75
Außenlautsprecher (Ohm)	–	–
Kopfhöreranschluß (Ohm)	1500 Ohm (Wiedergabe)	1500 Ohm (Wiederg
Fernbedienung	EL 3796 (mitgeliefert)	EL 3796
Betriebsspannung (V)	7,5 (Batt.)	9 (Batt.)
Leistungsaufnahme (W)	0,75	1
Gehäuse	Polystyrol	Polystyrol
Farbausführung	2farbig grau	2farbig grau
Abmessungen (mm)	196 × 56 × 113	265 × 95 × 190
Gewicht (kg)	1,35	3,65
Besonderheiten	Cassettenbetrieb	Batt.-Betrieb, trans Spulenabdeckun abnehmb. Tragegr
geeignete Mikrofone	EL 3797 (mitgel.), EL 3781, EL 3782, EL 3790, NG 1212, NG 1219	EL 3755 (mitgel. EL 3781, EL 378 EL 3790, NG 121 NG 1219

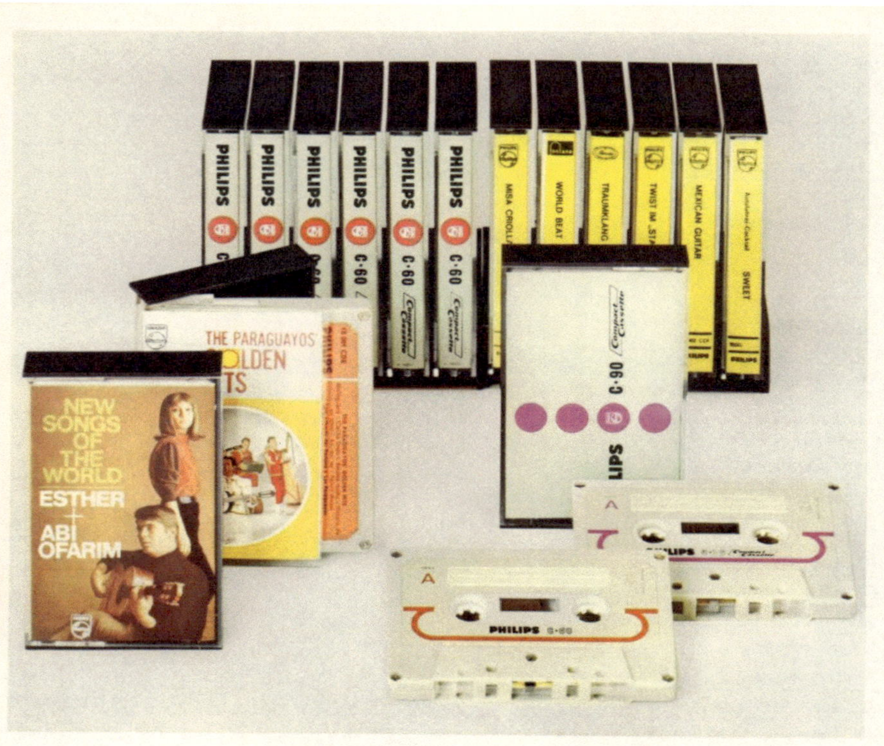

Compact Cassette

Trotz kleinster Abmessungen enthält die Compact-Cassette ein hochwertiges Tonband. In ihrer einfachen Handhabung ist sie nicht zu übertreffen. Das ist die überzeugende Idee, die zum millionenfachen Erfolg führte. Hinein in den Cassetten-Recorder, Knopf drücken, und schon läuft entweder Aufnahme oder Wiedergabe. Compact-Cassetten erhalten Sie in praktischen Archivboxen.

Compact-Cassetten für Ihre Aufnahmen
Die Compact-Cassette C·60 spielt eine Stunde (2x30 Minuten). Die Cassette C·90 volle 1½ Stunden (2x45 Minuten). Also genug Platz für Ihre Lieblingsmelodien. Oder für ein ganzes Hörspiel. Sie können alles aufnehmen, was Ihnen Freude macht. Ein wunderbares Hobby, das durch die Compact-Cassette ganz und gar problemlos geworden ist.

Compact-Cassetten mit Musik bespielt
Die bekannten Schallplattenproduzenten bringen laufend neue *Musicassetten* heraus: berühmte Solisten und Orchester mit Schlagern, Beat, Musicals, Jazz — was Sie wollen. Mit dem Philips Cassetten-Recorder 3312 erklingen *Musicassetten* in Stereo! Die Spieldauer der *Musicassetten* entspricht der einer EP-Schallplatte bzw. einer Langspielplatte.

Musicassetten gibt es in Deutschland unter folgenden Marken:

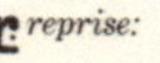

Philips Cassetten-Recorder 3302
für Batteriebetrieb

Jederzeit spielbereit, überall dabei, handlich und chic, das ist der erfolgreiche Philips Cassetten-Recorder 3302. Die Bedienung ist ein Kinderspiel — so einfach wie modernes Fotografieren. Schwupp, die Cassette rein — schnapp, den Knopf gedrückt, und schon läuft Aufnahme oder Wiedergabe (wie bei einem großen Gerät — nur viel einfacher). Fünf 1,5-V-Batterien (Babyzellen) halten den volltransistorisierten Philips Cassetten-Recorder 3302 spielbereit für lange Zeit. Erstaunlich, was dieses kleine Gerät für Möglichkeiten bietet. Ihre Erwartungen werden noch übertroffen. Sie nehmen auf und spielen ab, wann und wo Sie wollen — zu Hause oder unterwegs. (Auch im Auto — mit der Autohalterung für dieses Gerät, EL 3794 B, siehe Zubehörseite.) Aufnahmen mit dem Mikrofon sind ebenso problemlos wie das Überspielen vom Rundfunkgerät oder Plattenspieler. Die Wiedergabe erfolgt über den eingebauten Lautsprecher, ein Rundfunkgerät oder Kopfhörer. Zum Cassetten-Recorder 3302 werden mitgeliefert: eine praktische Tragetasche, ein Mikrofon mit abnehmbarer Fernbedienung, Überspielkabel und eine Compact-Cassette.

Aufnahme	Wiedergabe	Aussteuerung	Spieldauer	weitere Vorzüge
Mikrofon, Rundfunkgerät, Plattenspieler	über eingebauten Lautsprecher, Zusatzlautsprecher, Kopfhörer, Rundfunkgerät	mit Regler und Zeigerinstrument	2 x 30 Min. mit Compact-Cassette C·60, 2 x 45 Min. mit Compact-Cassette C·90	• volltransistorisiert • elektronisch geregelter Motor • Anschluß für Netzvorschaltgerät • Anschluß für Fernbedienung • Batterieanzeige • kein versehentliches Löschen vorbespielter Musicassetten

Philips Cassetten-Recorder 3310
mit Aussteuerungsautomatik · für Netzanschluß

Auch für Ihr Heim gibt es jetzt einen Philips Cassetten-Recorder!
Mit all den Vorteilen problemloser Bedienbarkeit, die das Compact-Cassetten-System ermöglicht.
Ein Tastendruck — und das Cassetten-Magazin öffnet sich. Compact-Cassette einlegen, Magazin schließen — und schon kann es losgehen: Wiedergabe von bespielten Compact-Cassetten (*Musicassetten*) oder von eigenen Aufnahmen. Aufnahmemöglichkeiten: per Mikrofon oder durch Überspielen vom Radio oder Plattenspieler. Nichts kann mehr schief gehen, denn die Aufnahmen werden automatisch ausgesteuert, sofern Sie das nicht selbst übernehmen wollen. Ein Zählwerk zeigt, wieviel Sie bereits aufgenommen oder abgespielt haben.
Der Cassetten-Recorder 3310 fügt sich durch die gediegene Formgebung seines Edelholzgehäuses in jeden Wohnstil ein. Eine Freude für Ihre ganze Familie — und für Ihre Gäste.

Aufnahme	Wiedergabe	Aussteuerung	Spieldauer	weitere Vorzüge
Mikrofon, Rundfunkgerät, Plattenspieler	über eingebauten Lautsprecher, Zusatzlautsprecher, Rundfunkgerät	automatisch oder mit Regler und Zeigerinstrument	2 x 30 Min. mit Compact-Cassette C-60, 2 x 45 Min. mit Compact-Cassette C-90	• volltransistorisiert • Klangregler • Zählwerk • Drucktastensteuerung auch für das Cassetten-Magazin • kein versehentliches Löschen vorbespielter Musicassetten

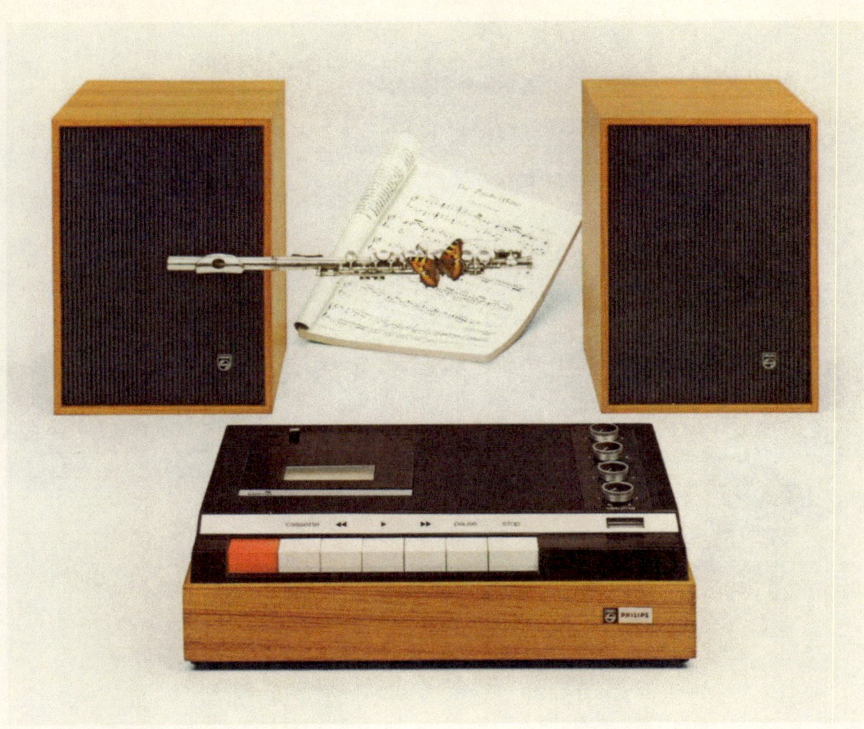

Philips Cassetten-Recorder 3312
Voll-Stereo · für Netzanschluß

Nach ihrem Siegeszug rund um die Welt bietet die Compact-Cassette jetzt ein neues Klangerlebnis: Stereophonie! Als erstes Unternehmen stellt Philips hiermit einen Stereo-Cassetten-Recorder vor, mit dem nun alle Vorzüge der Compact-Cassette voll ausgenutzt werden. Jetzt hören Sie Musik mit vollem Raumklang von Compact-Cassetten. Sie wissen ja, die *Musicassetten* erklingen auf diesem Gerät in Stereo. Und Ihre eigenen Stereo-Aufnahmen gelingen Ihnen auf Anhieb perfekt. Die Bedienung ist gewohnt einfach, wie bei jedem Philips Cassetten-Recorder: Cassette einlegen, Magazin schließen, Taste drücken. Eigene Aufnahmen machen Sie mit dem Philips Stereo-Mikrofon; Überspielungen von Stereo-Schallplatten oder Stereo-Rundfunksendungen erfolgen wie üblich mit einem Überspielkabel. Natürlich sind mit dem Cassetten-Recorder 3312 auch Aufnahme und Wiedergabe von Compact-Cassetten in Mono möglich.
(Näheres über die abgebildeten Lautsprecherboxen NG 1215 siehe Seite 15.)

Aufnahme	**Wiedergabe**	**Aussteuerung**	**Spieldauer**	**weitere Vorzüge**
mono / stereo: Mikrofon, Rundfunkgerät, Plattenspieler	mono / stereo: über separate Lautsprecher, Rundfunkgerät, Stereo-Anlage	mit Regler und Zeigerinstrument	2 x 30 Min. mit Compact-Cassette C · 60, 2 x 45 Min. mit Compact-Cassette C · 90	• volltransistoriert • Klangregler • Balanceregler • Zählwerk • Drucktastensteuerung auch für das Cassetten-Magazin • kein versehentliches Löschen vorbespielter Musicassetten

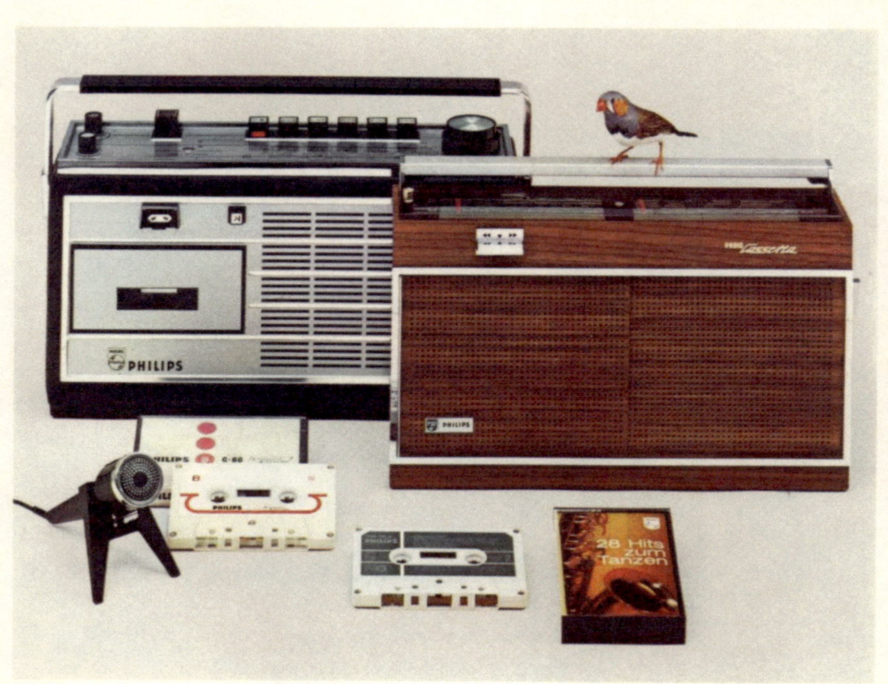

Philips Radio-Recorder und Radio-Cassetta

Wieder kommt eine sensationelle Idee von Philips: der Cassetten-Recorder im Kofferradio. Darauf haben viele gewartet. Wenn im Radio mal nichts Flottes zu finden ist; schwupp schnapp schalten Sie um auf das eigene Musik-programm. So einfach geht das mit den vorbespielten *Musicassetten* und der Radio-Cassetta. Möchten Sie darüber hinaus gern Interessantes aus dem Radio festhalten? Bitte – auch das geht heute Mit dem Radio-Recorder. Er ist Radio, Musicbox und Tonbandgerät in einem.

Philips Radio-Recorder
Haben Sie schon einmal Ihre eigene Stimme im Radio gehört? Ein herr-licher Spaß mit dem Radio-Recorder. Sie wissen, sein eingebauter Cassetten-Recorder ist ein vollwertiges Tonbandgerät. Für Aufnahme und Wiedergabe mit Compact-Cassetten. Was Ihnen gefällt – Sie nehmen es gleich auf – aus dem Radioteil. Einem Rundfunkgerät mit vier Wellen-bereichen und autom. UKW-Scharf-abstimmung.

Philips Radio-Cassetta
Diese praktische Kombination besteht aus einem leistungsstarken Radioteil und einem Cassetten-Spieler für Com-pact-Cassetten. Mit einem Tasten-druck schalten Sie um vom Rundfunk-programm auf den Cassetten-Spieler. Oder umgekehrt. Wie es beliebt. Ihre Überraschung: Niemand wird das klingende Geheimnis – den Cassetten-Spieler – hinter der „Schiebetür" im Frontteil des Gerätes vermuten.

Radio-Cassetta	Wellenbereiche	Abmessungen, Gewicht	Bestückung	weitere Vorzüge
	UKW, MW, LW, KW (41–49 m)	30 x 19 x 8 cm ca. 2,4 kg	14 Valvo-Transistoren + 8 Dioden 1 Selenstabilisator	• schwenkbare Teleskopantenne • versenkbarer Haltegriff • Anschluß für Netzvorschaltgerät

Radio-Recorder	Wellenbereiche	Abmessungen, Gewicht	Bestückung	weitere Vorzüge
	UKW, MW, LW, KW (31–49 m)	32 x 18 x 9 cm ca. 4,5 kg	22 Valvo-Transistoren + 15 Dioden	• schwenkbare Teleskopantenne • autom. UKW-Scharfabstimmung • Anschluß für Autoantenne, Plattenspieler, Mikrofon und Netzvorschaltgerät

Zubehör für Philips Tonbandgeräte und Cassetten-Recorder

EL 1976
Dynamisches Mikrofon
für alle Geräte.
Richtcharakteristik: Kugel
Empfindlichkeit: 0,34 mV/ubar
Impedanz: 500 Ohm
DM 19,80*

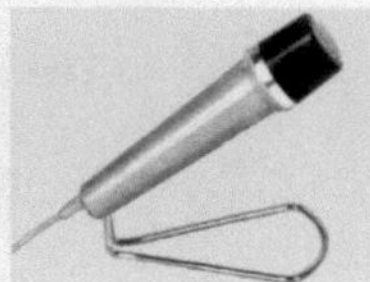

EL 1980
Dynamisches Mikrofon
für alle Geräte.
Richtcharakteristik: Kugel
Empfindlichkeit: 0,32 mV/ubar
Impedanz: 500 Ohm
DM 36,–*

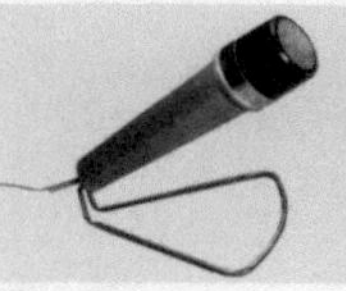

8301
Dynamisches Mikrofon
für alle Geräte.
Richtcharakteristik: Niere
Empfindlichkeit: 0,27 mV/ubar
Impedanz: 500 Ohm
Stativgewinde $^3/_8$"
DM 55,–*

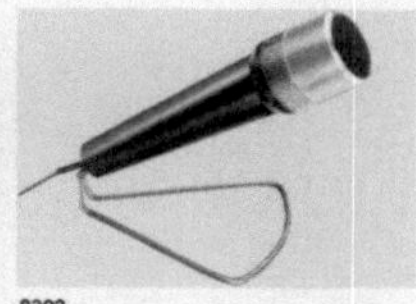

8302
Dynamisches Breitband-Mikrofon
für alle Geräte.
Richtcharakteristik: Niere
Empfindlichkeit: 0,24 mV/ubar
Impedanz: 500 Ohm
Frequenzbereich: 80 Hz – 19 kHz
Stativgewinde $^3/_8$"
DM 80,–*

EL 1979
Dynamisches Stereomikrofon
für 3312, RK 37 S, RK 57 S, 4408
mit 2 trennbaren Systemen
Empfindlichkeit: 0,33 mV/ubar
Impedanz: 500 Ohm (je Kanal)
Stativgewinde $^3/_8$"
DM 95,–*

EL 3787
Zusatzverstärker
für Duoplay-, Multiplay-Aufnahme
und Stereo-Wiedergabe.
Zum Anschluß an die Tonbandgeräte 4305, RK 65 S, RK 65/2.
DM 89,–*

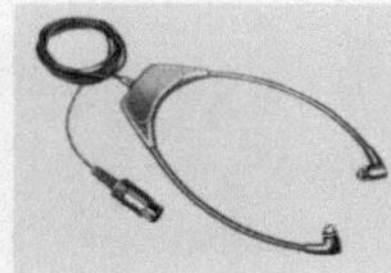

NG 1238/02
Stereo-Kopfhörer
für RK 57 S, 4408
DM 33,–*

NG 1215
Lautsprecherbox
für alle Geräte.
Impedanz: 8 Ohm
Belastbarkeit: 6 Watt
Frequenzgang: 70 Hz – 18 kHz
Edelholzgehäuse (s. Seite 13)
DM 59,–*

Technische Daten der Philips Cassetten-Recorder und Tonbandgeräte

	Cassetten-Recorder 3302	Cassetten-Recorder 3310	Cassetten-Recorder 3312	Auto-Cassetten-Spieler 2600	Tonbandgerät 4304 (RK 15 S)	Tonbandgerät 4305 (RK 25 S)
Frequenzbereich*	80–10.000 Hz	60–10.000 Hz	60–10.000 Hz	60–10.000 Hz	80–12.000 Hz (3)	60–10.000 Hz (2) 60–14.000 Hz (3)
Bestückung						
Röhren	–	–	–	–	4	–
Transistoren	10	8	15	5	1	10
Aufnahme						
mono	×	×	×	–	×	×
stereo	–	–	×	–	–	–
Wiedergabe						
mono	×	×	×	×	×	×
stereo	–	–	×	–	–	× mit Zusatzverstärker und Radio
Gleichlaufabweichung	≦ ± 0,3 %	≦ ± 0,3 %	≦ ± 0,3 %	≦ ± 0,3 %	≦ ± 0,3 %	≦ ± 0,3 %
Störabstand	≧ 45 dB	≧ 45 dB	≧ 45 dB	≧ 45 dB	≧ 45 dB	≧ 45 dB
Endstufe	400 mW	2 W	2 × 2 W	–	2 W	2 W
Gehäuselautsprecher	×	×	(Betrieb mit 2 Boxen)	–	×	×
Eingänge						
Mikrofon	0,2 mV/2 k Ω	0,25 mV/4,5 k Ω	0,25 mV/2,5 k Ω	–	0,2 mV/3 k Ω	0,25 mV/2 k Ω
Rundfunk						2,5 mV/20 k Ω
Plattenspieler	150 mV/1,5 M Ω	100 mV/1 M Ω	100 mV/1 M Ω	–	250 mV/1,5 M Ω	70 mV/680 k Ω
Ausgänge						
Rundfunk bzw. Verstärker	0,5 V/20 k Ω	1 V/18 k Ω	1 V/12 k Ω	0,5 V/20 k Ω	750 mV/20 k Ω	750 mV/20 k Ω
Zusatzlautsprecher	5–8 Ω	5–8 Ω	2 × 5–8 Ω	–	5–8 Ω	5–8 Ω
Kopfhöreranschluß	200 mV/1,5 k Ω	–	–	–	–	1500 Ω
Fernbedienung	wird mitgeliefert	–	–	–	–	EL 3984/15
Betriebsspannung	7,5 V 5 Baby-Zellen oder Netzvorschaltgerät	110/127/220/245 V 50 Hz	110/127/220/245 V 50 Hz	12 V Autobatterie (– an Masse)	110/127/220/245 V 50 Hz	110/127/220/245 V 50 Hz
Leistungsaufnahme	ca. 800 mW	15 W	20 W	1,2 W	40 W	40 W
Gehäuse	Kunststoff	Edelholz/Kunststoff	Edelholz/Kunststoff	Kunststoff	Kunststoff	Kunststoff
Abmessungen Breite x Tiefe x Höhe	115×200×55 mm	365×215×90 mm	320×210×95 mm	145×130×45 mm	360×255×125 mm	395×285×135 mm
Gewicht	1,35 kg	3,8 kg	3,2 kg	1,35 kg	5,4 kg	7 kg

* Der Frequenzbereich der Tonbandgeräte ist abhängig von der Bandgeschwindigkeit. Es bedeutet: (1) 2,4 cm/s, (2) 4,75 cm/s, (3) 9,5 cm/s und (4) 19 cm/s.

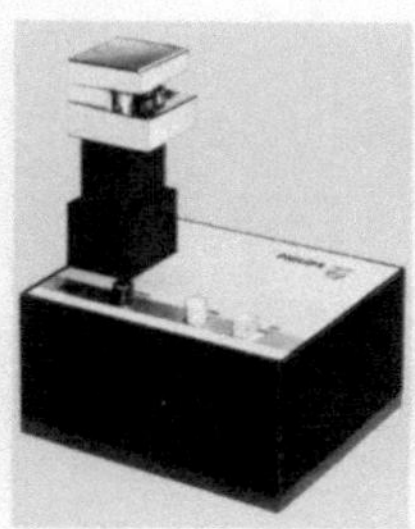

EL 1995
Dia-Steuergerät
zur Steuerung automatischer
Projektoren. Für alle Tonband-
geräte. Impulslage auf Spur 4.
Impulsfrequenz: ca. 1000 Hz.
Transistoriert.
Batteriebetrieb (mehr als
100 Std. Betriebsdauer).
Drucktastensteuerung.
Löschanzeige. Impulslöschung.
Höhenverstellung.
DM 125,–*

EL 1901
Cutterbox
Mit Schneide-Vorrichtung sowie
Sortiment von Vor- und Nach-
spann-, Schalt- und Klebeband.
DM 13,50*

NG 1216
Universal-Netzvorschaltgerät
für Cassetten-Recorder 3302
oder Kofferradio mit einer Batterie-
spannung von 7,5 oder 9 Volt.
Zum Betrieb am Lichtnetz 220 Volt.
(mit Ein/Aus-Schalter)
DM 45,–*

NG 1206
Verlängerungsleitung
6 m, mit Kabelhaspel.
Verwendbar für alle Mono- und
Stereo-Mikrofone mit 200
und 500 Ohm Impedanz.
Mit 5-poligem Normstecker und
5-poliger Normbuchse.
DM 23,–*

NG 1205
Mikrofonstativ
verwendbar für alle Mikrofone
mit Stativgewinde $^3/_8$"
DM 40,–*

EL 3984/15
Fußschalter
für 4305, RK 37 S, RK 57 S,
RK 65 S, RK 65/2
DM 28,–*

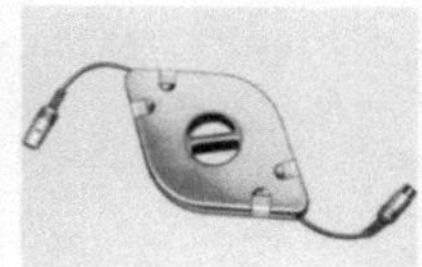

NG 1203/01
Telefonadapter
galvanisch.
Zum Aufzeichnen von Telefon-
gesprächen. Für alle Geräte.
DM 28,–*

NG 1223/03
Mono-Kopfhörer
für 3302, 4305, RK 37 S,
RK 65 S, RK 65/2
DM 29,–*

NG 1226
Verbindungskabel
mit zwei 3-poligen Normsteckern
(mit Überspielwiderstand)
DM 7,20*

NG 1227
Verbindungskabel
für ältere Rundfunkgeräte.
Mit einem 3-poligen Normstecker,
Bananensteckern und Flachstecker
DM 7,20*

NG 1230
Verbindungskabel
für Stereo-Anschluß mit einem
5-poligen und zwei 3-poligen
Normsteckern
DM 10,20*

NG 1231
Verbindungskabel
für Stereo-Anschluß mit zwei
5-poligen Normsteckern (mit
Überspielwiderständen)
DM 10,20*

Tonbandgerät RK 37 S	Tonbandgerät RK 65 S	Tonbandgerät RK 65/2	Tonbandgerät RK 57 S	Tonbandgerät 4408
60–10.000 Hz (2) 60–15.000 Hz (3)	60–4.500 Hz (1) 60–10.000 Hz (2) 60–15.000 Hz (3) 40–18.000 Hz (4)	60–4.500 Hz (1) 60–10.000 Hz (2) 60–15.000 Hz (3) 40–18.000 Hz (4)	60–10.000 Hz (2) 60–15.000 Hz (3) 40–18.000 Hz (4)	60–8.000 Hz (2) 40–15.000 Hz (3) 40–18.000 Hz (4)
– 15	4 6	4 6	3 9	– 22
× ×	× –	× –	× ×	× ×
× × mit Radio	× × mit Zusatzver- stärker und Radio	× × mit Zusatzver- stärker und Radio	× ×	× ×
≤ ± 0,3 %	≤ ± 0,25 %	≤ ± 0,3 %	≤ ± 0,25 %	≤ ± 0,2 %
≥ 45 dB	≥ 45 dB	≥ 45 dB	≥ 45 dB	≥ 50 dB
2,5 W	4 W	6 W	2 × 3 W	2 × 6 W
×	×	×	1 × im Gehäuse 1 × im Deckel	2 × im Deckel
0,25 mV/2 kΩ 2,5 mV/20 kΩ 70 mV/680 kΩ	0,25 mV/2 kΩ 2 mV/20 kΩ 100 mV/500 kΩ	0,25 mV/2 kΩ 2 mV/20 kΩ 100 mV/500 kΩ	0,25 mV/2 kΩ 2 mV/20 kΩ 200 mV/500 kΩ	0,25 mV/2 kΩ 2 mV/20 kΩ 100 mV/500 kΩ
1 V/20 kΩ	1 V/50 kΩ	1 V/30 kΩ	1 V/50 kΩ	1 V/50 kΩ
5–8 Ω	5–8 Ω	5–8 Ω	5–8 Ω	5–8 Ω
1500 Ω	1500 Ω	1500 Ω	1500 Ω	1500 Ω
EL 3984/15	EL 3984/15	EL 3984/15	EL 3984/15	–
110/127/220/245 V 50 Hz	110/127/220/245 V 50 Hz	110/127/220/245 V 50 Hz	110/127/220/245 V 50 Hz	110/127/220/245 V 50 Hz
45 W	50 W	60 W	65 W	60 W
Kunststoff	Edelholz/ Kunststoff	Holz/Kunstleder kaschiert	Edelholz/ Kunststoff	Holz/Kunstleder kaschiert
395×285×135 mm	430×335×165 mm	430×335×165 mm	440×350×215 mm	480×330×250 mm
7 kg	10 kg	10 kg	10 kg	13 kg

Philips High Fidelity-Low Noise Tonbänder

Type	Bandart	Spulengröße	Bandlänge	Spieldauer**
LP 13	Langspielbd.	13 cm	270 m	45 Min.
LP 15	"	15 cm	360 m	60 Min.
LP 18	"	18 cm	540 m	90 Min.
DP 13	Doppelspielbd.	13 cm	360 m	60 Min.
DP 15	"	15 cm	540 m	90 Min.
DP 18	"	18 cm	730 m	120 Min.

** bei 9,5 cm/s Bandgeschwindigkeit für einen Durchlauf

Archiv-Boxen und Leerspulen

6er Einheit Archiv-Boxen	für 13-cm-Spulen
6er Einheit "	" 15-cm-Spulen
6er Einheit "	" 18-cm-Spulen
6er Einheit Leerspulen	13 cm
6er Einheit "	15 cm
6er Einheit "	18 cm

Cutterbox

EL 1901 Cutterbox mit Schneidevorrichtung sowie Sortiment von Vor-
und Nachspannband, Schalt- und Klebeband

Philips Compact-Cassetten

Type	
C · 60	Compact-Cassette (Aufnahme-Cassette) für 60 Min. Spieldauer
C · 90	Compact-Cassette (Aufnahme-Cassette) für 90 Min. Spieldauer

Archivboxen

NG 1210	6er Einheit Archivboxen für Compact-Cassetten

Liefermöglichkeit und technische Änderungen vorbehalten.
* Ungebundener Preis

16

- Abspielgerät für bespielte Compact-Cassetten
- Stromversorgung über die 6- bzw. 12-V-Wagenbatterie
- Anschluß an jedes Autoradio
- Abmessungen 145 x 130 x 45 mm

Die Musicbox im Auto

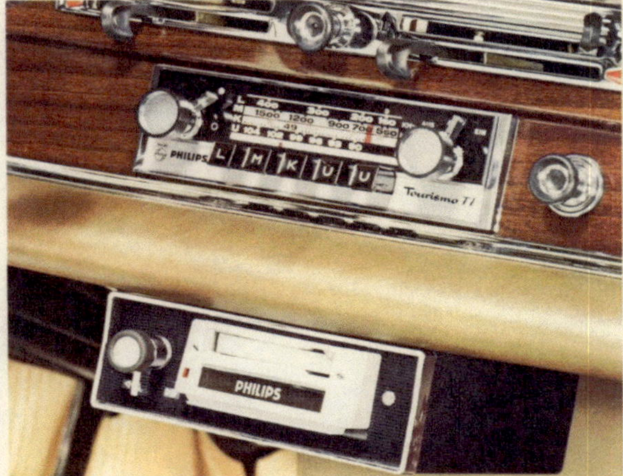

Philips Auto-Cassetten-Spieler 2600
So werden selbst lange Autofahrten zum Vergnügen — mit dem Philips Cassetten-Spieler 2600. Schon die Bedienung wird Ihnen Spaß machen: Einfach die *Musicassette* einschieben, und schon erklingen flotte Rhythmen oder muntere Klänge aus Ihrem Autoradio. Ganz nach Ihrem eigenen Programm. Kein Wasserstandsbericht kann Sie mehr langweilen — mit dem Philips Cassetten-Spieler im Auto.

- Auto-Einbaueinheit für Cassetten-Recorder 3302
- Betrieb über die 6- bzw. 12-Volt-Anlage Ihres Wagens
- Anschluß an jedes Autoradio
- Abmessungen 230 x 230 x 90 mm

Ihr Cassetten-Recorder auch im Auto stets „bei der Hand"

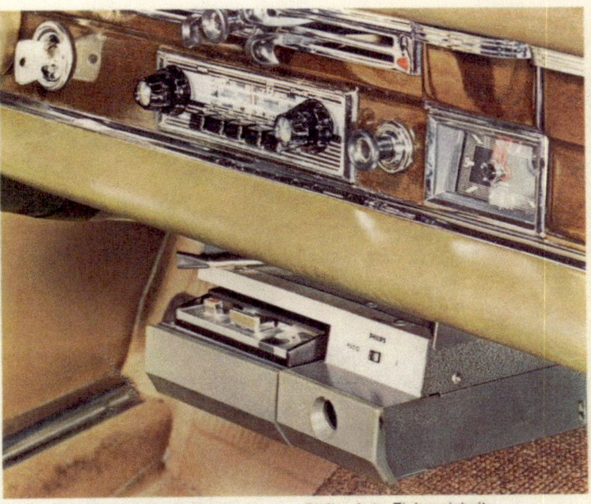

Philips Auto-Einbaueinheit EL 3794 B
Wenn die Radiomusik Sie bei Nachtfahrten im Stich läßt, wenn Oberleitungen oder Senderschwund den Hörgenuß trüben, oder wenn Sie einen Gedankenblitz festhalten wollen — stets ist er „da" — Ihr Cassetten-Recorder. In der Philips Auto-Einbaueinheit Passend für die meisten Wagen. — Wieviel Zeit verbringt man heute im Auto. Grund genug, sich diese Stunden zu verschönern. — Dafür schuf Philips diese Auto-Einbaueinheit für Ihren Cassetten-Recorder 3302.

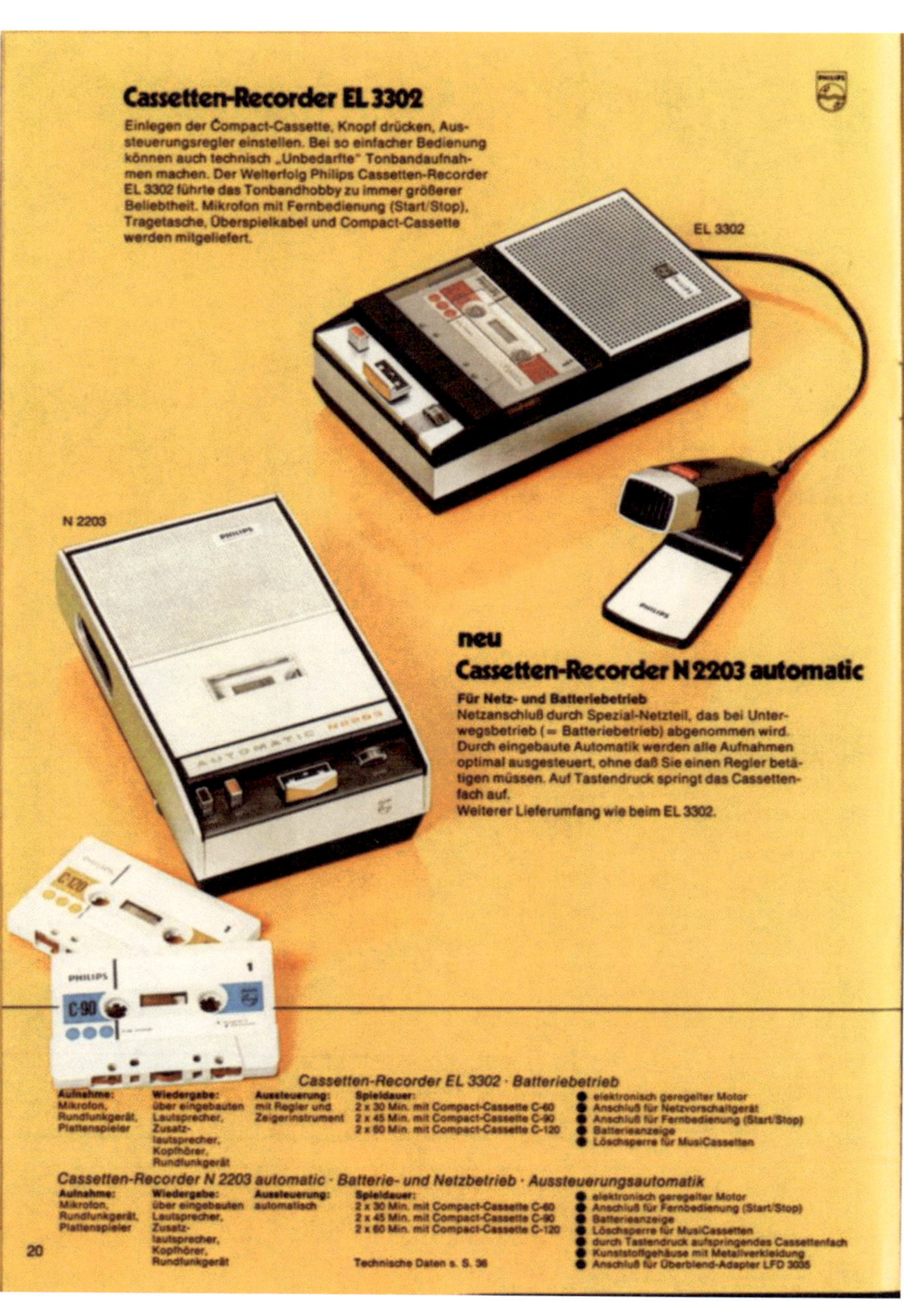

Cassetten-Recorder EL 3302

Einlegen der Compact-Cassette, Knopf drücken, Aussteuerungsregler einstellen. Bei so einfacher Bedienung können auch technisch „Unbedarfte" Tonbandaufnahmen machen. Der Welterfolg Philips Cassetten-Recorder EL 3302 führte das Tonbandhobby zu immer größerer Beliebtheit. Mikrofon mit Fernbedienung (Start/Stop), Tragetasche, Überspielkabel und Compact-Cassette werden mitgeliefert.

neu
Cassetten-Recorder N 2203 automatic

Für Netz- und Batteriebetrieb

Netzanschluß durch Spezial-Netzteil, das bei Unterwegsbetrieb (= Batteriebetrieb) abgenommen wird. Durch eingebaute Automatik werden alle Aufnahmen optimal ausgesteuert, ohne daß Sie einen Regler betätigen müssen. Auf Tastendruck springt das Cassettenfach auf.
Weiterer Lieferumfang wie beim EL 3302.

Cassetten-Recorder EL 3302 · Batteriebetrieb

Aufnahme:	Wiedergabe:	Aussteuerung:	Spieldauer:	
Mikrofon,	über eingebauten	mit Regler und	2 x 30 Min. mit Compact-Cassette C-60	● elektronisch geregelter Motor
Rundfunkgerät,	Lautsprecher,	Zeigerinstrument	2 x 45 Min. mit Compact-Cassette C-90	● Anschluß für Netzvorschaltgerät
Plattenspieler	Zusatz-		2 x 60 Min. mit Compact-Cassette C-120	● Anschluß für Fernbedienung (Start/Stop)
	lautsprecher,			● Batterieanzeige
	Kopfhörer,			● Löschsperre für MusiCassetten
	Rundfunkgerät			

Cassetten-Recorder N 2203 automatic · Batterie- und Netzbetrieb · Aussteuerungsautomatik

Aufnahme:	Wiedergabe:	Aussteuerung:	Spieldauer:	
Mikrofon,	über eingebauten	automatisch	2 x 30 Min. mit Compact-Cassette C-60	● elektronisch geregelter Motor
Rundfunkgerät,	Lautsprecher,		2 x 45 Min. mit Compact-Cassette C-90	● Anschluß für Fernbedienung (Start/Stop)
Plattenspieler	Zusatz-		2 x 60 Min. mit Compact-Cassette C-120	● Batterieanzeige
	lautsprecher,			● Löschsperre für MusiCassetten
	Kopfhörer,			● durch Tastendruck aufspringendes Cassettenfach
	Rundfunkgerät			● Kunststoffgehäuse mit Metallverkleidung
			Technische Daten s. S. 36	● Anschluß für Überblend-Adapter LFD 3035

Was Sie von Philips Tonbandgeräten erwarten können

Vom unkomplizierten Philips N 4307 bis zum hochtechnisierten N 4450 reicht eine breite Skala. Irgendwo auf dieser Skala liegt mit Gewißheit Ihr Gerät. Finden Sie es! Wir helfen Ihnen dabei. Im folgenden erläutern wir einige technische Begriffe, die Sie bei der Beschreibung der Geräte wiederfinden.

Drucktasten-System

Die Drucktasten-Systeme der Philips Tonbandgeräte sind ein guter Beweis für sorgfältige Entwicklung bis ins Detail. Dadurch zeichnen sie sich aus: Die Tasten sind sehr leichtgängig und besonders übersichtlich angeordnet.
Die neuen Stereo-Tonbandgeräte N 4414 und N 4416 haben besonders leichtgängige elektrische Tasten, die alle Bandlauffunktionen des 3-Motoren-Laufwerkes elektronisch steuern. Diese Tasten werden noch übertroffen durch die elektronischen Tiptasten der Geräte N 4418, N 4510 und N 4450.

Mischpult

Wie Sie es im Rundfunk immer wieder erleben: Die Musik wird leiser, der Sprecher blendet sich ein — das können Sie jetzt selbst! Denn mit dem eingebauten Mischpult stellen Sie das gewünschte Lautstärkeverhältnis zweier Aufnahmesignale ein, während Sie das Ergebnis über Kopfhörer kontrollieren.

Vierspur-Technik

Mit der Vierspur-Technik können Sie jedes Tonband auf vier nebeneinanderliegenden Spuren bespielen. Gegenüber der bekannten Zweispur-Technik verdoppelt sich somit die Bandausnutzung. Ihr Vorteil: halbierte Bandkosten bei gleichbleibender Klangqualität.

Duoplay

Das Duoplay-Verfahren eröffnet reizvolle Trickmöglichkeiten. 2 Stimmen werden getrennt auf 2 Spuren aufgenommen und durch Parallelschaltung der beiden Spuren gemeinsam wiedergegeben: Sie können die 1. Stimme aufnehmen, die Aufnahme über Kopfhörer abhören und dann synchron die 2. Stimme herstellen. Bei der Wiedergabe hören Sie beide Stimmen als eine Aufnahme. Wichtig: Beide Stimmen können einzeln gelöscht und korrigiert werden, da sie auf verschiedene Spuren aufgenommen werden.

	Cassetten-Recorder EL 3302	Cassetten-Recorder N 2203 automatic N 2211 automatic	Cassetten-Recorder N 2204 automatic N 2209 AV automatic	Cassetten-Recorder N 2205	Cassetten-Recorder N 2225 automatic	Stereo-Cassetten-Recorder N 2405 mit 2 Lautsprecherboxen	Stereo-Cassetten-Recorder N 2400/N 2401
	• Batteriebetrieb • elektron. geregelter Motor • Anschluß für Netzvorschaltgerät, Fernbedienung und Zusatzlautsprecher	• Netz-/Batteriebetrieb • automatische Aussteuerung • elektronisch geregelter Motor • Anschluß für Fernbedienung und Zusatzlautsprecher • Anschluß für Überblendadapter LFD 3035 • Taste für Cassettenfach **N 2211 automatic** • eingebautes Electret-Mikrofon • Drucktastenbedienung • Flachbahnregler • Trageriemen	• Batterie-/Netzbetrieb • autom. Aussteuerung • elektronisch geregelter Motor • Anschluß für Fernbedienung • Anschluß für Zusatzlautsprecher • Anschluß für Überblendadapter LFD 3035 • Klangregler • Taste für Cassettenfach **N 2209 AV automatic** • Impulskopf für synchrone Dia/Filmvertonung	• Batterie-/Netzbetrieb • elektronisch geregelter Motor • Anschluß für Lautsprecher und Fernbedienung • Klangregler • Drucktastensteuerung • Bandstellenmerkscheibe • Bandendabschaltung mit Warnton	• Batterie-/Netzbetrieb • elektronisch geregelter Motor • eingebautes, herausnehmbares Electret-Mikrofon • Drucktastenbedienung • Flachbahnregler • automatische Aussteuerung (abschaltbar) • Pausentaste • Bandendabschaltung mit Warnton • Zählwerk • Taste für Cassettenfach	• Voll-Stereo • Netzanschluß • Klangregler • Balanceregler • Zählwerk • Drucktastensteuerung • Pausentaste	• Voll-Stereo • Netzanschluß • Baß-Höhenregler • Balanceregler • Zählwerk • Drucktastensteuerung • Pausentaste **N 2401** • Wechsler für 6 Cassetten • Spieldauer mit Cassetten-Wender N 6711 unbegrenzt • Klangregler
Frequenzbereich (in Abhängigkeit von der Bandgeschwindigkeit)	80—10.000 Hz	80—10.000 Hz	80—10.000 Hz	80—10.000 Hz	60—10.000 Hz	60—10.000 Hz	60—10.000 Hz
Geschwindigkeiten	4,75 cm/s ± 2 %	4,75 cm/s ± 2 %	4,75 cm/s ± 2 %	4,75 cm/s ± 2 %	4,75 cm/s ± 2 %	4,75 cm/s ± 2 %	4,75 cm/s ± 2 %
Gleichlaufabweichungen	≦ ± 0,3 %	≦ ± 0,3 %	≦ ± 0,3 %	≦ ± 0,3 %	≦ ± 0,3 %	≦ ± 0,3 %	≦ ± 0,3 %
Geräuschspannungsabstand	≧ 45 dB	≧ 45 dB	≧ 45 dB	≧ 45 dB	≧ 45 dB	≧ 45 dB	≧ 45 dB
Eingänge:	1 x Mikr., Rad., Pl.	1x Mikr., Rad., Pl.	1 x Mikr., Rad., Pl.	1 x Mikr., Rad., Pl.	1x Mikr., Rad., Pl.	1 x Mikr., Rad., 1 x Pl.	1 x Mikr., Rad., 1 x Pl.
Eingangsempfindlichkeit: Mikrofon Radio/Tonbd. Plattenspieler krist. Plattenspieler dyn. Tuner	0,2 mV/2 kΩ 0,2 mV/2 kΩ 100 mV/1 MΩ — —	0,2 mV/2 kΩ 0,2 mV/2 kΩ 100 mV/1 MΩ — —	0,2 mV/2 kΩ 0,2 mV/2 kΩ 100 mV/1 MΩ — —	0,2 mV/2 kΩ 0,2 mV/2 kΩ 100 mV/1 MΩ — —	0,2 mV/2 kΩ 0,2 mV/2 kΩ 100 mV/1 MΩ — —	0,2 mV/2 kΩ 0,2 mV/2 kΩ 100 mV/1 MΩ — —	0,2 mV/2 kΩ 0,2 mV/2 kΩ 100 mV/1 MΩ — —
Ausgänge: Radio (Diode) bzw. Verstärker Zusatzlautsprecher Kopfhörer Monitor	0,5 V/20 kΩ 5—8 Ω 200 mV/1,5 kΩ —	0,5 V/20 kΩ 5—8 Ω 200 mV/1,5 kΩ —	0,5 V/20 kΩ 5—8 Ω 200 mV/1,5 kΩ —	0,5 V/20 kΩ 5—8 Ω 200 mV/1,5 kΩ —	0,5 V/20 kΩ 5—8 Ω 200 mV/1,5 kΩ —	0,5 V/20 kΩ 2 x 5—8 Ω — —	0,5 V/20 kΩ 2 x 5—8 Ω — —
Ausgangsleistung Sinus (DIN 45 324)	500 mW	500 mW	750 mW	1,25 W (Netz) 1 W (Batterie)	1,25 W (Netz) 1 W (Batterie)	2 x 2,5 W	2 x 5 W
Betriebsspannung	7,5 V = 5 Babyzellen oder Netzvorschaltgerät	7,5 V = 5 Babyzellen oder 220 V/50—60 Hz	9 V = 6 Babyzellen 110-127/220-240 V 50—60 Hz	9 V = 6 Babyzellen 110-127/220-240 V 50—60 Hz	9 V = 6 Babyzellen 110-127/220-240 V 50—60 Hz	110/127/220/240 V 50—60 Hz	110/127/220/240 V 50—60 Hz
Abmessungen Breite x Tiefe x Höhe	115 x 200 x 55 mm	115 x 200 x 55 mm 212 x 135 x 56 mm	171 x 215 x 58 mm	255 x 190 x 65 mm	293 x 190 x 61 mm	340 x 210 x 60 mm	352 x 215 x 73 mm (381 x 233 x 110 mm)
Gewicht	1,35 kg mit Batt.	1,35 kg mit Batt. 1,35 kg mit Batt.	1,85 kg mit Batt.	2,5 kg mit Batt.	2,75 kg mit Batt.	3 kg ohne Lautsprecherboxen	3 kg (N 2400) 5 kg (N 2401)

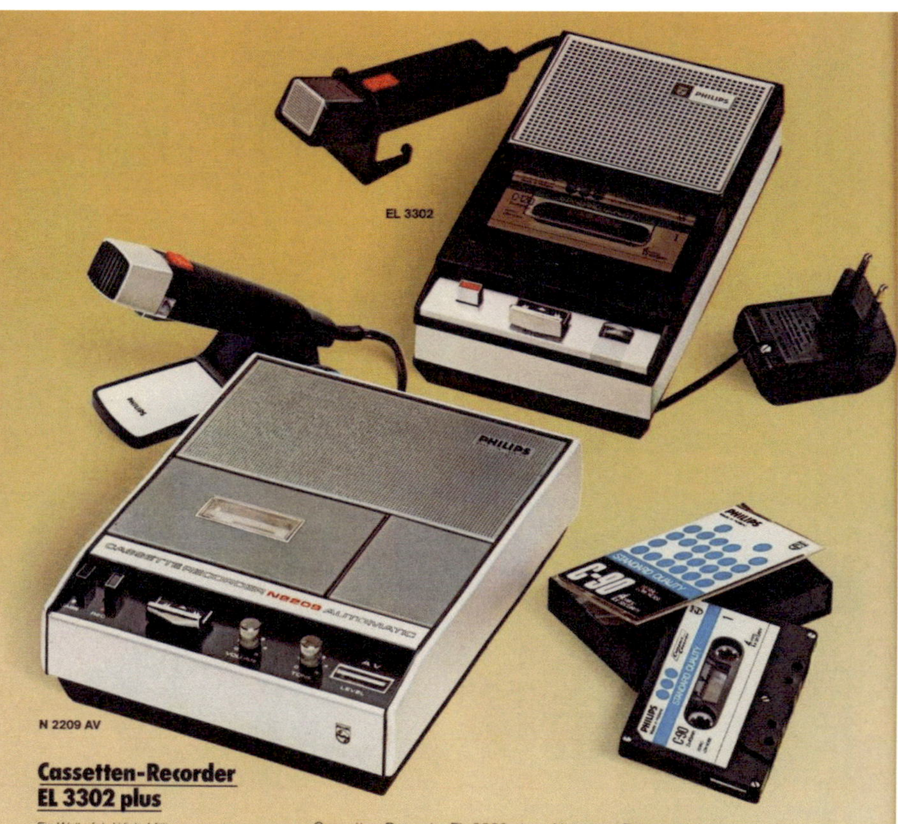

Cassetten-Recorder
EL 3302 plus

Ein Welterfolg! Viele Millionen wurden von diesem Gerätekonzept bereits verkauft – ein deutliches Zeichen für seine Beliebtheit und Zuverlässigkeit. Der ideale Recorder für drinnen und draußen; bequem, handlich, betriebssicher.
Lieferumfang: Mikrofon mit Fernbedienung (Start/Stop), Tragetasche, Überspielkabel, Netzkabel (Spezial-Netzteil im Stecker) und Compact-Cassette C-60.

Cassetten-Recorder EL 3302 plus · Netz- und Batteriebetrieb

Aufnahme:	Wiedergabe:	Aussteuerung:	Spieldauer:
mit Mikrofon, von Rundfunkgerät, Plattenspieler oder anderem Tonbandgerät	über eingebauten Lautsprecher, Zusatzlautsprecher, Kopfhörer, Rundfunkgerät	mit Regler und Zeigerinstrument	2 x 30, 45 oder 60 Min. – je nach Cassettentyp

Compact-Cassetten siehe Seite 58
Technische Daten siehe Seite 86

- ● Elektronisch geregelter Motor
- ● Löschsperre für MusiCassetten
- ● Anschluß für Fernbedienung Start/Stop
- ● Batterieanzeige, Aussteuerungsanzeige

Cassetten-Recorder N 2209 AV automatic

Dia-Vertonung

Tatsächlich kein Problem: Der Bildwechsel Ihrer Dia-Schau wird mit Hilfe des Dia-Steuergerätes N 6401 (s. S. 61) synchron zum Ton gesteuert. Bei der Vorführung Ihrer Dia-Schau können Sie alle Technik vergessen. Alles läuft automatisch. Musik . ., das erste Dia erscheint, die Musik wird leiser, und der gesprochene

Kommentar erklingt genau in der richtigen Lautstärke.

Synchrone Filmvertonung:

Der Cassettenrecorder zeichnet nicht nur den Ton auf, sondern über seinen Impulskopf gleichzeitig Steuerimpulse, die direkt von der Kamera kommen bzw. von einem separaten

mit der Kamera verbundenen Pilottonteil. Start und Stop des Cassetten-Recorders und damit Anfang und Ende der Aufzeichnung von Ton und Impulsen erfolgen mit dem Auslöser der Filmkamera.
Lieferumfang: Netzanschlußkabel, Mikrofon mit Fernbedienung (Start/Stop), Tragetasche, Überspielkabel und Compact-Cassette C-60.

Cassetten-Recorder N 2209 AV automatic · Netz- und Batteriebetrieb · Impulskopf für synchrone Dia- und Filmvertonung

Aufnahme:	Wiedergabe:	Aussteuerung:	Spieldauer:
mit Mikrofon, von Rundfunkgerät, Plattenspieler oder anderem Tonbandgerät	über eingebauten Lautsprecher, Zusatzlautsprecher, Kopfhörer, Rundfunkgerät	automatisch	2 x 30, 45 oder 60 Min. – je nach Cassettentyp

- ● Klangregler
- ● Eingebautes Netzteil
- ● Anschluß für Dia-Steuergerät N 6401

- ● Elektronisch geregelter Motor
- ● Löschsperre für MusiCassetten
- ● Anschluß für Fernbedienung Start/Stop
- ● Anschluß für Überblendadapter N 6728
- ● Durch Tastendruck aufspringendes Cassettenfach
- ● Batterie-Anzeige, Aussteuerungsanzeige

	Cassetten-Recorder EL 3302 plus	Cassetten-Recorder N 2221 automatic / N 2218 automatic	Cassetten-Recorder N 2212 automatic	Cassetten-Recorder N 2209 AV automatic	Cassetten-Recorder N 2217 automatic	Cassetten-Recorder N 2222 automatic	Cassetten-Recorder N 2223 automatic / N 2225 automatic	Stereo-Cassetten-Recorder N 2405 mit 2 Lautsprecherboxen N 2400 *
	• Netz-/Batterie-betrieb • manuelle • elektronisch geregelter Motor • Anschluß für Fernbedienung (Start/Stop) und Zusatzlautsprecher	• Netz-/Batterie-betrieb • automatische Aussteuerung • elektronisch geregelter Motor • Drucktasten-bedienung • Flachbahnregler • Taste für Cassettenfach • Anschluß für Überblendadapter • Anschluß für Zusatzlautsprecher **N 2218** • eingebautes Electret-Mikrofon **N 2221** • Anschluß für Fernbedienung (Start/Stop)	• Netz-/Batterie-betrieb • automatische Aussteuerung • elektronisch geregelter Motor • Bandlaufindikator • automatische Endabschaltung mit Entriegelung der Bandlauftaste • Anschluß für Fernbedienung (Start/Stop) und Zusatzlautsprecher • Anschluß für Überblendadapter • Taste für Cassettenfach • eingebautes Electret-Mikrofon • Drucktasten-bedienung • Flachbahnregler • Trageriemen	• Netz-/Batterie-betrieb • automatische Aussteuerung • elektronisch geregelter Motor • Anschluß für Fernbedienung Start/Stop • Anschluß für Zusatzlautsprecher • Klangregler • Taste für Cassettenfach • Anschluß für Überblendadapter • Impulskopf für synchrone Dia- und Filmvertonung • eingebautes Electret-Mikrofon • Drucktasten-bedienung • Flachbahnregler • Trageriemen	• Netz-/Batterie-betrieb • automatische Aussteuerung • elektronisch geregelter Motor • Motorbetriebs-anzeige • Kopfreinigungs-anzeige • automatische Endabschaltung mit Entriegelung der Bandlauftaste • Anschluß für Fernbedienung (Start/Stop) und Zusatzlautsprecher • Anschluß für Überblendadapter • Taste für Cassettenfach • eingebautes Electret-Mikrofon • Drucktasten-bedienung • Flachbahnregler • Trageriemen	• Netz-/Batterie-betrieb • automatische Aussteuerung • elektronisch geregelter Motor • IC-Technik • Memorymöglichkeit bei Aufnahme • Anschluß für Fernbedienung Start/Stop • Anschluß für Zusatzlautsprecher • Flachbahnregler • Klangschalter • Taste für Cassettenfach • Drucktasten-bedienung • Anschluß für Überblendadapter • eingebautes Electret-Mikrofon • Bandendanzeige mit Leuchtdiode	• Netz-/Batteriebetrieb • elektronisch geregelter Motor • Drucktastenbedienung • eingebautes Electret-Mikrofon (bei N 2225 herausnehmbar) • Flachbahnregler • automatische Aussteuerung (bei N 2225 abschaltbar) • automatische Bandendabschaltung (bei N 2225 mit Warnton) • Pausentaste • Zählwerk mit Nullstelltaste • Anschluß für Überblendadapter • Taste für Cassettenfach	• Voll-Stereo • Netzanschluß • Klangregler (N 2405) • Baß-/Höhenregler (N 2400) • Balanceregler • Zählwerk • Drucktastensteuerung • Pausentaste • Automatische Bandendabschaltung • beleuchtete Aussteuerungsanzeige • Hysteresis-Friktion
Frequenzbereich (in Abhängigkeit von der Bandgeschwindigkeit)	80–10.000 Hz	60–10.000 Hz	80–10.000 Hz	80–10.000 Hz	80–10.000 Hz	80–15.000 Hz	N 2223: 80–10.000 Hz N 2225: 60–10.000 Hz	60–10.000 Hz
Geschwindigkeiten	4,75 cm/s ± 2 %	4,75 cm/s ± 2 %	4,75 cm/s ± 2 %	4,75 cm/s ± 2 %	4,75 cm/s ± 2 %	4,75 cm/s ± 2 %	4,75 cm/s ± 2 %	4,75 cm/s ± 2 %
Gleichlaufabweichungen	≤ ± 0,3 %	≤ ± 0,3 %	≤ ± 0,3 %	≤ ± 0,3 %	≤ ± 0,3 %	≤ ± 0,3 %	≤ ± 0,3 %	≤ 0,3 %
Geräuschspannungsabstand	≥ 45 dB	≥ 45 dB	≥ 45 dB	≥ 45 dB	≥ 45 dB	≥ 45 dB	≥ 45 dB	≥ 45 dB
Eingänge	1 x Mikr., Rad., Pl.	1 x Mikr., Rad., Pl.	1 x Mikr., Rad., Pl.	1 x Mikr., Rad., Pl.	1 x Mikr., Rad., Pl.	1 x Mikr., Rad., Pl.	1 x Mikr., Rad., Pl.	1 x Mikr., Rad., Pl.
Eingangsempfindlichkeit: Mikrofon / Radio/Tonband / Plattenspieler krist. / Plattenspieler dyn. / Tuner	0,2 mV/2 kΩ 0,2 mV/2 kΩ 100 mV/1 MΩ – –	0,2 mV/2 kΩ 0,2 mV/2 kΩ 100 mV/1 MΩ – –	0,2 mV/2 kΩ 0,2 mV/2 kΩ 100 mV/1 MΩ – –	0,2 mV/2 kΩ 0,2 mV/2 kΩ 100 mV/1 MΩ – –	0,2 mV/2 kΩ 0,2 mV/2 kΩ 100 mV/1 MΩ – –	0,2 mV/2 kΩ 0,2 mV/2 kΩ 100 mV/1 MΩ – –	0,2 mV/2 kΩ 0,2 mV/2 kΩ 100 mV/1 MΩ – –	0,2 mV/2 kΩ 0,2 mV/2 kΩ 100 mV/1 MΩ – –
Ausgänge: Radio (Diode) bzw. Verstärker / Zusatzlautsprecher / Kopfhörer / Monitor	0,5 V/20 kΩ 5–8 Ω 200 mV/1,5 kΩ –	0,5 V/20 kΩ 4–8 Ω 200 mV/1,5 kΩ –	0,5 V/20 kΩ 5–8 Ω 200 mV/1,5 kΩ –	0,5 V/20 kΩ 5–8 Ω 200 mV/1,5 kΩ –	0,5 V/20 kΩ 5–8 Ω 200 mV/1,5 kΩ –	0,5 V/20 kΩ 5–8 Ω 200 mV/1,5 kΩ –	0,5 V/20 kΩ N 2223: 4–8 Ω / N 2225: 5–8 Ω 200 mV/1,5 kΩ –	0,5 V/20 kΩ 2 x 5–8 Ω – –
Ausgangsleistung Sinus (DIN 45 324)	500 mW	1 W/4 Ω (Zusatz-LS) 900 mW/8 Ω (eing. LS)	500 mW	750 mW	750 mW	1 W	N 2223: 1 W/4 Ω (Zusatz-LS) 750 mW/8 Ω (eing. LS) N 2225: 1,25 W (Netz) 1 W (Batterie)	N 2405: 2 x 2,5 W N 2400: 2 x 5 W
Betriebsspannung	7,5 V = 5 Babyzellen oder 220 V/50–60 Hz	7,5 V = 5 Babyzellen 2218: 220–240 V/50–60 Hz 2221: 110/127/220–240 V/50–60 Hz	7,5 V = 5 Babyzellen oder 220 V/50–60 Hz	9 V = 6 Babyzellen 110–127/220–240 V 50–60 Hz	7,5 = 5 Babyzellen oder 220 V/50–60 Hz	9 V = 6 Babyzellen 110–127/220–240 V 50–60 Hz	N 2223: 7,5 V = 5 Babyzellen N 2225: 9 V = 6 Babyzellen 110–127/220–240 V 50–60 Hz	110/127/220/240 V 50–60 Hz
Abmessungen Breite x Tiefe x Höhe	115 x 200 x 55 mm	195 x 243 x 64,5 mm	212 x 56 x 135 mm	171 x 215 x 58 mm	197 x 65 x 223 mm	270 x 210 x 75 mm	N 2223: 276 x 180 x 66 mm N 2225: 293 x 190 x 61 mm	N 2405: 340 x 210 x 60 mm N 2400: 352 x 215 x 73 mm
Gewicht	1,35 kg mit Batterien	1,85 kg mit Batterien	1,35 kg mit Batterien	1,85 kg mit Batterien	1,5 kg mit Batterien	2,1 kg mit Batterien	N 2223: 2,1 kg mit Batterien N 2225: 2,75 kg mit Batterien	N 2405: 3 kg ohne Lautsprecherboxen N 2400: 3 kg

Gegenüber früheren Veröffentlichungen verbesserte technische Daten

Was bedeutet eigentlich ...

3 Köpfe

Anstelle eines üblichen Kombikopfes für Aufnahme und Wiedergabe besitzen verschiedene Philips Tonbandgeräte getrennte Aufnahme- und Wiedergabeköpfe sowie den in jedem Falle vorhandenen Löschkopf. Vorteil: optimale Abstimmung (Berechnung) der Köpfe für ihre Aufgabe (Aufnahme oder Wiedergabe).

Durch zusätzlich vorhandene separate Vorverstärker für Aufnahme und Wiedergabe ist Hinterbandkontrolle möglich, die es erlaubt, eine fertige magnetische Aufzeichnung noch während des Aufnahmevorganges zu kontrollieren. Über Kopfhörer wird das Signal hier erst abgehört, nachdem es Aufnahmeverstärker, Aufnahmekopf, Bandmaterial, Wiedergabekopf und Hinterbandverstärker passiert hat.

Ferner sind Echo- und Nachhall-Aufnahmen bei getrennten Aufnahme- und Wiedergabe-Köpfen möglich, da das schon auf dem Tonband fixierte Signal vom Wiedergabekopf zum Aufnahmekopf zurückgeführt werden kann.

Duoplay

Das Duoplay-Verfahren eröffnet reizvolle Trickmöglichkeiten. 2 Stimmen werden getrennt auf 2 Spuren aufgenommen und durch Parallelschaltung der beiden Spuren gemeinsam wiedergegeben: Sie können die 1. Stimme aufnehmen, die Aufnahme über Kopfhörer abhören und dann synchron die 2. Stimme herstellen. Bei der Wiedergabe hören Sie beide Stimmen als eine Aufnahme. Wichtig: Beide Stimmen können einzeln gelöscht und korrigiert werden, da sie auf verschiedenen Spuren aufgenommen werden.

N 2208. Batterij- en netvoeding. Ingebouwde electretmicrofoon. Automatische opnameregeling. Elektronisch geregelde motor. Schuifregelaar voor geluidssterkte. Druktoetsen voor recorderbediening. Uitklappende cassettehouder. Beveiliging tegen ongewenst wissen. Schouderriem. Muziekvermogen 1,6 watt. Aansluitingen voor microfoon, radio, versterker, grammofoon en tweede recorder. 160 × 240 × 60 mm. Kleur monsanto-bruin.

N 2209. Batterij- en netvoeding. Automatische opnameregeling. Elektronisch geregelde motor. Ingebouwde synchronisatiekop: kan worden aangesloten op diaprojectors met ingebouwd stuurapparaat of met behulp van Philips stuurapparaat N 6401 (zie pag. 42). Eenvoudige bediening. Opwippende cassettehouder. Hoog uitgangsvermogen van 600 mW continu, 750 mW piek. Compleet met microfoon met afstandsbediening, kabel en cassette C 60. Aansluitingen voor hoofdtelefoon, afstandsbediening, microfoon, grammofoon, versterker, radio en extra luidspreker. 58 × 171 × 215 mm. Gewicht 1,62 kg.

N 2214. Batterij- en netvoeding. Automatische opnameregeling. Ingebouwde electretmicrofoon. Elektronisch geregelde motor. Druktoetsbediening. Long-Life koppen. Automatische bandstop met LED-indicatie. Tweestanden-regelaar voor hoge tonen. Pauzetoets. Mengmogelijkheid tussen ingebouwde microfoon en extra geluidsbron. Monitormogelijkheid. Bandloopindicator. Ook geschikt voor chroom-cassettes. Beveiliging tegen ongewenst wissen. Indicator voor bespeelde cassettes. Quick repeat. Muziekvermogen 1,6 watt. Doorzichtig cassette-compartiment. Inklappende draagbeugel. Aansluitingen voor microfoon, radio, versterker, grammofoon, tweede recorder. Compleet met kabel en cassette C 60. 60 × 190 × 260 mm. Gewicht 1,4 kg.

N 2206. Als N 2208, kleur jeans-blauw.

N 2207. Als N 2208, kleur groen.

N 2208.

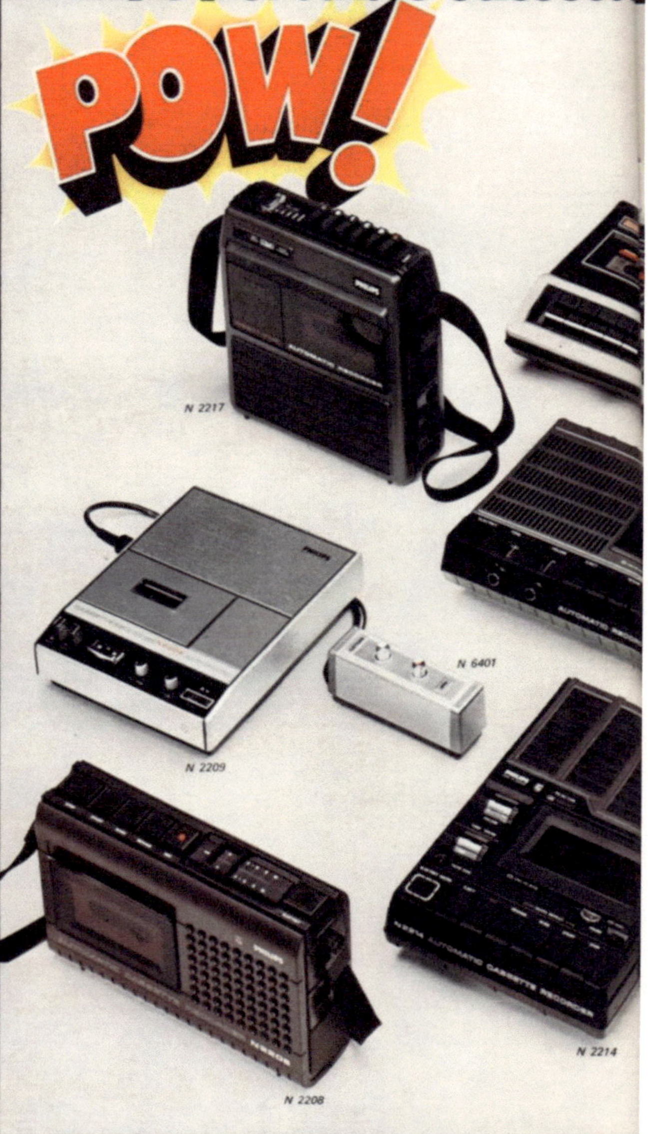

recorders met Big Sound

Pure techniek van binnen. Stijl van buiten. De vormgeving, het bedieningsgemak én de klank van deze tijd. Soepele schuifregelaars voor haarfijn afstellen. Cassette-envelopsysteem met ingebouwde beveiliging. Druktoetsen voor bliksemsnelle reactie. Automatische opnamesterkteregeling. Ingebouwde electretmicrofoons. Kunnen overal mee naar toe: werken op batterijen en netspanning. En een output als een muur . . . Big Sound. Alleen bij de cassetterecorders van Philips.

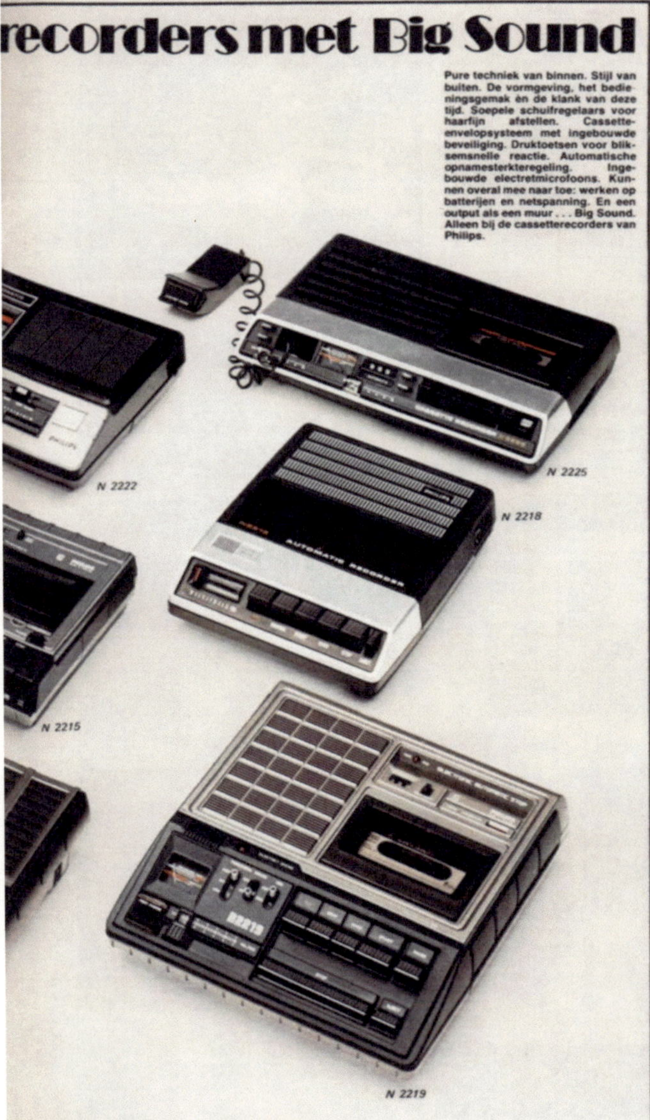

N 2215. Batterij- en netvoeding. Ingebouwde electretmicrofoon. Automatische opnameregeling. Elektronisch geregelde motor. Gemakkelijke druktoetsbediening. Long-Life koppen. Automatische bandstop met LED-indicatie. Geschikt voor ferro- en chroomcassettes. Tweestanden-toonregelaar. Pauzetoets. Mengmogelijkheid microfoon + andere geluidsbron. Driecijferige teller met nulstelling. Monitormogelijkheid. Bandloopindicator. Wisbeveiliging. Indicatie voor bespeelde cassettes. Hoog uitgangsvermogen van 1500 mW continu, 3000 mW piek. Doorzichtige cassettehouder. Inklapbare draagbeugel. Aansluitingen voor microfoon, radio, versterker, grammofoon, tweede recorder en extra luidspreker. Compleet met verbindingskabel en cassette C 60. 70 × 260 × 200 mm. Gewicht 1,7 kg.

N 2217. Batterij- en netvoeding. Ingebouwde electretmicrofoon. Automatische opnameregeling. Elektronisch geregelde motor. Gemakkelijke druktoetsbediening. Automatische bandstop met ontkoppeling. Schuifregelaar voor volume. Pauzetoets. Batterijcontrole met LED. Monitormogelijkheid. Head cleaning indicator. Bandloopindicator. Automatische uitschakeling van de microfoon bij aansluiting van een andere opnamebron. Motorcontrole. Hoog uitgangsvermogen van 750 mW continu, 1500 mW piek. Doorzichtige cassettehouder. Aansluitingen voor radio, grammofoon, tweede recorder, afstandsbediening, hoofdtelefoon, extra luidspreker en microfoon. Compleet met draagriem, verbindingskabel en cassette C 60. 223 × 197 × 65 mm. Gewicht 1,5 kg.

N 2218. Batterij- en netvoeding. Ingebouwde electretmicrofoon. Automatische opnameregeling. Elektronisch geregelde motor. Gemakkelijke druktoetsbediening. Schuifregelaar voor volume. Hoog uitgangsvermogen van 900 mW continu. Doorzichtige cassettehouder. Aansluitingen voor extra luidspreker, microfoon, grammofoon, versterker, radio. Inklapbare draagbeugel. Compleet met verbindingskabel en cassette C 60. 70 × 200 × 250 mm. Gewicht 1.65 kg.

N 2219. Batterij- en netvoeding. Ingebouwde electretmicrofoon met LED-indicatie. Opnameniveauregeling automatisch of met de hand. Elektronisch geregelde motor. Gemakkelijke druktoetsbediening. Long-Life koppen. Automatische bandstop met LED-indicatie. Geschikt voor ferro- en chroom-cassettes met automatische overschakeling van de circuits en indicatie. Schuifregelaar voor volume/opname. Driestanden-tooncontrole. Pauzetoets. Mengmogelijkheid microfoon met een tweede geluidsbron. Driecijferige teller met nulstelling. Batterij-indicator. Opname-indicator. Driestanden-monitorniveauregelaar. Postfading-mogelijkheid. Beveiliging tegen ongewenst wissen. Hoog uitgangsvermogen van 1500 mW continu, 3000 mW piek. Doorzichtige cassettehouder. Inklapbare draagbeugel. Aansluitingen voor microfoon, radio, versterker, grammofoon, tweede recorder, afstandsbediening, hoofdtelefoon en extra luidspreker. Compleet met verbindingskabel en cassette C 60. 76 × 250 × 275 mm. Gewicht 2,3 kg.

N 2222. Batterij- en netvoeding. Ingebouwde electretmicrofoon. Automatische opnameregeling. Elektronisch geregelde motor. Druktoetsbediening. Automatische stop aan het einde van de band met indicatie. Schuifregelaars voor volume en toonregeling. Tweestanden-monitormogelijkheid. Beveiliging tegen ongewenst wissen. Muziekvermogen 2 watt. Doorzichtige cassettehouder. Uitschuifbare draagbeugel. Aansluitingen voor hoofdtelefoon, afstandsbediening, microfoon, grammofoon, versterker, radio en extra luidspreker. Compleet met verbindingskabel en cassette C 60. 75 × 270 × 210 mm. 2 kg.

N 2225. Batterij- en netvoeding. Uitneembare electret-condensatormicrofoon. Schakelbare automatische opnameregeling. Elektronische motorregeling. Druktoetsbediening. Automatische stop aan het einde van de band met geluidssignaal en uitschakeling van motor en versterker. Schuifregelaars voor opnamesterkte/volume en toonregeling. Pauzetoets. Batterij-indicatie. Automatische uitschakeling van microfoon bij inschakeling van andere opnamebron. Driecijferige teller met nulstelling. Hoog uitgangsvermogen van 1000 mW piek (netvoeding). Inklapbare draagbeugel. Aansluitingen voor radio, grammofoon, tweede recorder, afstandsbediening, hoofdtelefoon, tweede luidspreker en tweede microfoon. 61 × 293 × 190 mm. Gewicht 2,5 kg. Compleet met microfoonhouder, verbindingskabel en cassette C 60.

PHILIPS

KATALOG 1969/70

EL 3300/22	Cassetten-Recorder
EL 3301/22	Cassetten-Recorder
EL 3301/22 T	Cassetten-Recorder
EL 3302	Cassetten-Recorder
EL 3302/22 G	Cassetten-Recorder
EL 3303	Cassetten-Recorder
EL 3303/22 G	Cassetten-Recorder
EL 3305	Cassetten-Spieler

Batteriebetrieb   2-Spur

	Bestell-Nr.	Netto-Preis DM
A/W-Kopf f. EL 3300/01/01 T	4822 249 10013	10,--
A/W-Kopf f. EL 3302/03	4822 249 10032	15,20
Löschkopf f. EL 3300/01/01 T	4822 249 40035	9,50
Löschkopf f. EL 3302/03	4822 249 40039	9,50
Löschkopf f. EL 3302/22 G, EL 3303/22 G	4822 249 40046	9,50
Bandteller links und rechts	4822 528 10032	2,--
Antriebsriemen für Schwungscheibe Ø 72 mm	4822 358 30076	1,20
Antriebsriemen für Zwischenrolle Ø 23 mm	4822 358 30077	1,20
Motor-Satz (Transistor)	HA 373 37	23,--
Motor	4822 361 20035	12,--
Aussteuerungsanzeiger	4822 347 10003	15,20
Rutschkupplung	4822 528 20022	3,50

EL 3310   Cassetten-Recorder

Netzbetrieb   2-Spur

	Bestell-Nr.	Netto-Preis DM
A/W-Kopf	4822 249 10025	17,10
Löschkopf	4822 249 40035	9,50
Bandteller links	4822 528 10032	2,--
Bandteller rechts	4822 528 10079	3,30
Antriebsriemen 72 mm Ø	4822 358 30076	1,20
Antriebsriemen 40 mm Ø	4822 358 30052	1,--
Antriebsriemen 100 mm Ø	4822 358 30051	1,--
Zählwerk	4822 349 50022	14,30
Aussteuerungsinstrument	4822 347 10002	17,10
Lautstärkeregler mit Schalter	4822 101 50019	4,30
Motor 50 Hz/60 Hz	4822 361 70145	34,20

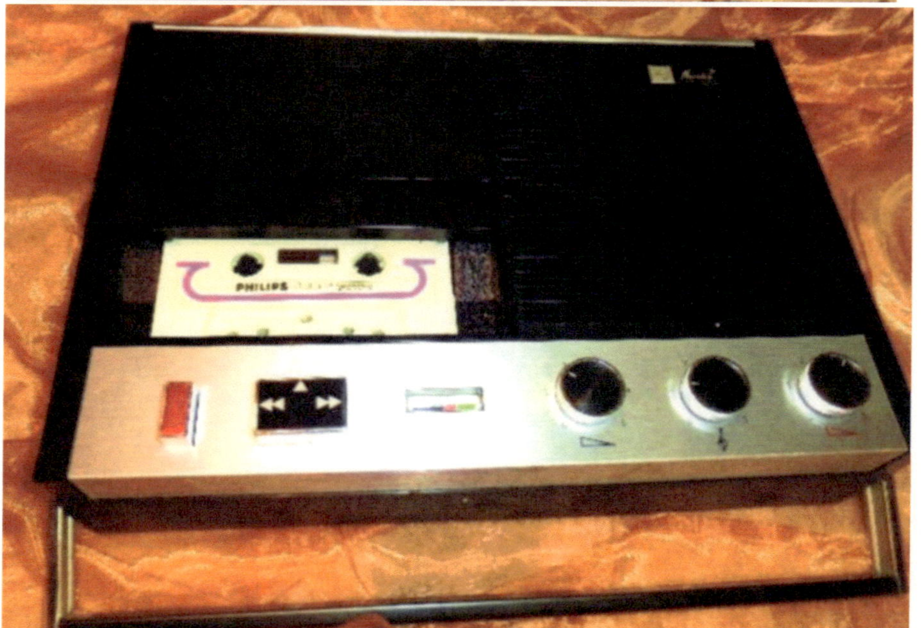
PHILIPS

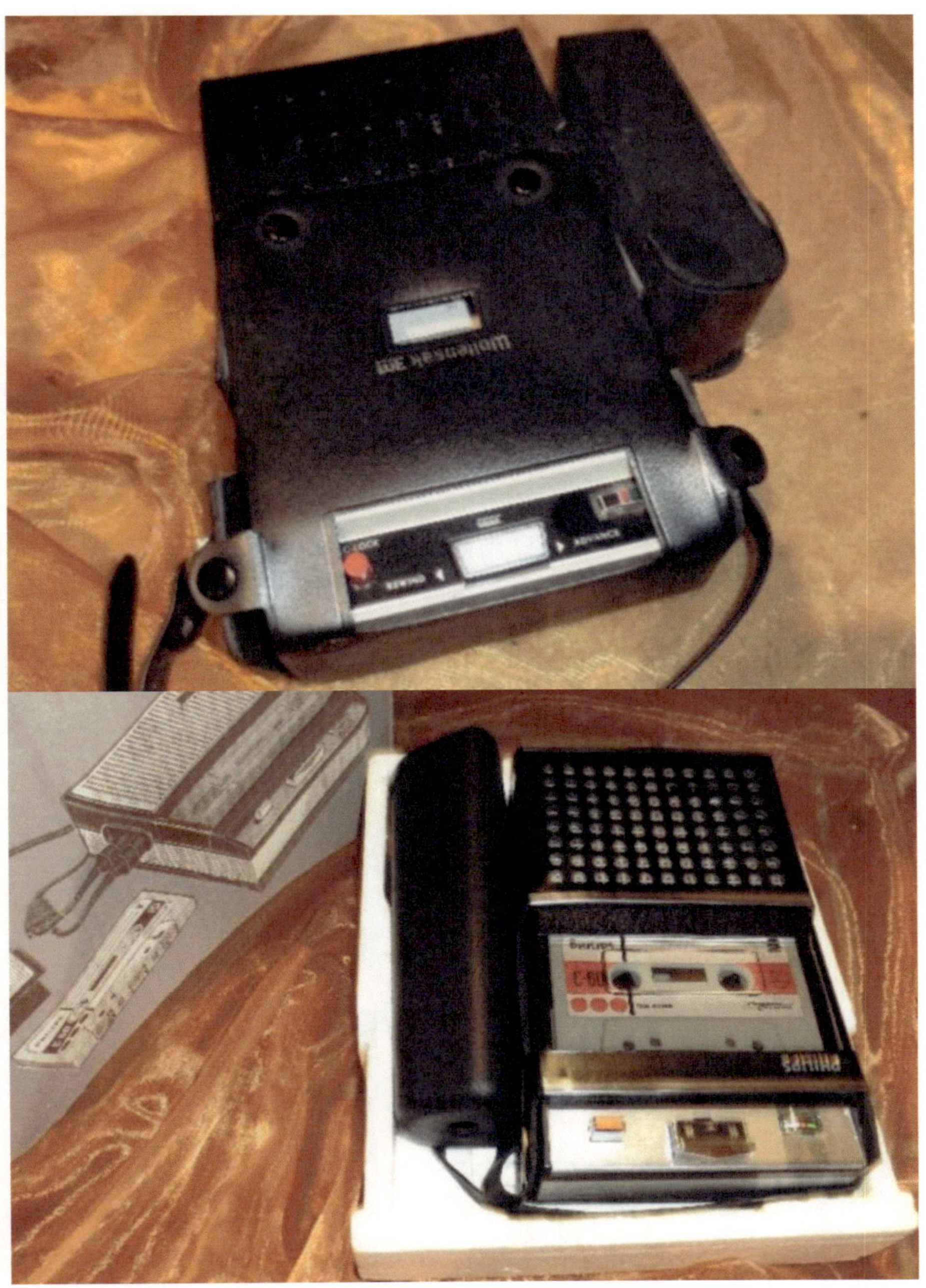

UKW-ALLTRANSISTOR-EMP
MIT CASSETTEN-
PHILIPS
PHILIPS

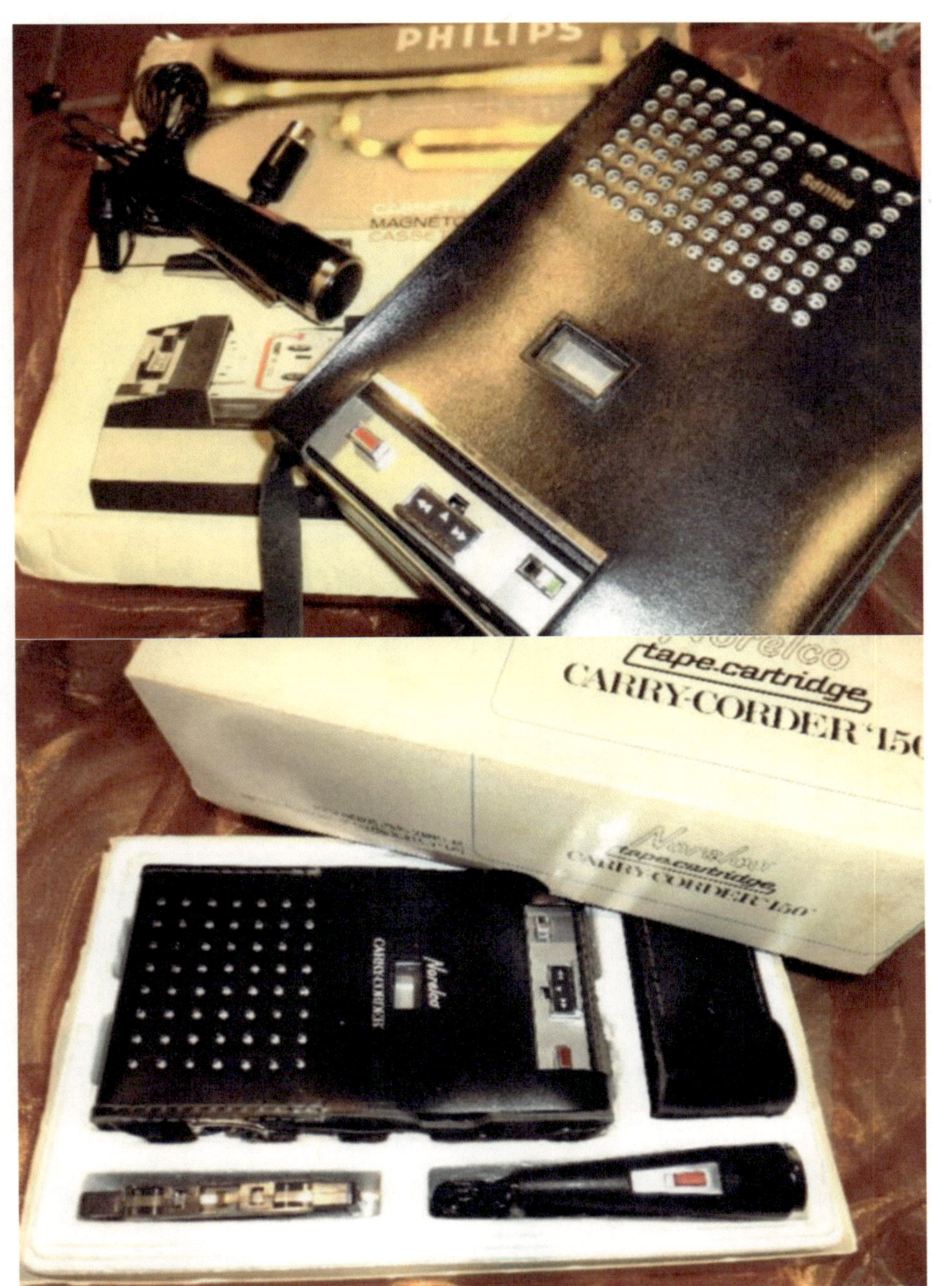

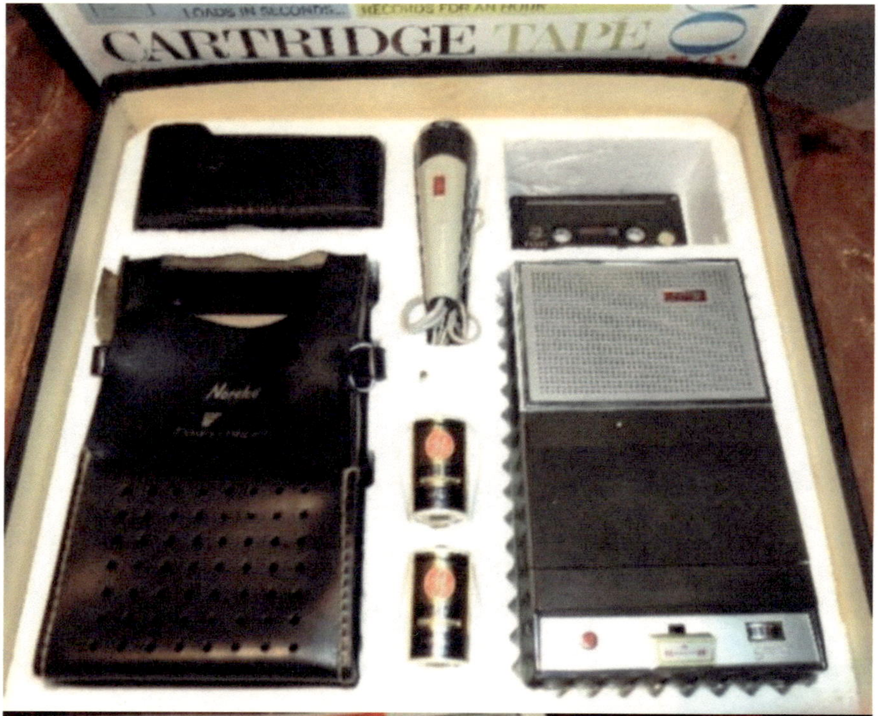

CARTRIDGE TAPE
Norelco
PHILIPS
Cassetten-Recorder 3302
BEDIENUNGSANLEITUNG
PHILIPS
assetten
er 3312
Norelco
CONTINENTAL
cciones de manejo
EL-3300

MusiCassetten
Die erfolgreichen Kleinen mit der großen Zukunft
MusiCassetten
MUSIK
Cassetten
A SELECTION OF
MUSICASSETTES
MUSIK-CASSETTEN
- der moderne Tonträger -
2 in 3
interpret
ITALIANO
interpret
ITALIANO

Service DOKUMENTATION
EIN WICHTIGER BEHELF FÜR IHRE FACHWERKSTÄTTE
PHILIPS
Taschenrecorder
EL 3300
mit Mikrofon und
Fernbedienung
EL 3797
EL 3300
EL 3300
EL 3301
EL 3301/T
EL 3302
EL 3302/G
2. Auflage
2. Auflage
PHILIPS
PHILIPS
DUSTY SPRINGFIELD
GOLDEN HITS
BENNY GOODMAN
SWING CLASSICS
Braziliana
and High Life
GAK-GAS
Ich glaub' an die

Schlußwort:

In einem nächsten Buch wird über den technischen Fortschritt berichtet. Was wird auf uns zu kommen? Ich glaube aber nicht daran, daß es noch einmal ein Gerät auf 13 Jahre schafft, ununterbrochen gebaut zu werden. Es begann mit einem Frequenzumfang von 120 bis 6000 Hz. Das heutige Top-Gerät von Philips (N 2521) erreicht mit Ferrochrom 30 bis 17.000 Hz. Wie werden die Werte zukünftig sein, etwa bis 25.000 Hz? Was wird die Technik bringen? Was wird die zukünftige Digitaltechnik dazu beitragen? Noch dominieren Röhren und Transistoren den Markt. Die Röhre fällt zurück, der Integrierte Schaltkreis gewinnt an Stellung. Wird sich das Band überhaupt in den 1980er- oder gar in den 2000er- Jahren noch durchsetzen können? Ich glaube es nicht. Bei meinem letzten Gespräch mit Lou Ottens sagte er, daß er an einer Weltneuheit arbeiten würde. Wie dem auch sei, in meiner Werkstatt ist gut zu tun. Mein Sohn Uwe kommt zu mir in die Lehre. So wie es aussieht, wird auch meine Tochter Petra später hinzukommen. Auch sie ist von Technik begeistert. Sie nimmt fleißig Mixtapes auf ihrem roten Hitachi-Recorder auf.
Danke für's Lesen, bleiben Sie gesund.

Heinz Sültz, Radio- und Fernsehtechniker Meister
Lünen, den 10. Oktober 1976

• WORLD'S FIRST! •

PHILIPS EL3300 CASSETTE REC/PLAYER

& TAPE CARTRIDGES (*cassette tapes*)

launched at the Berlin Radio Show 30th August 1963

and in the UK a year later in 1964

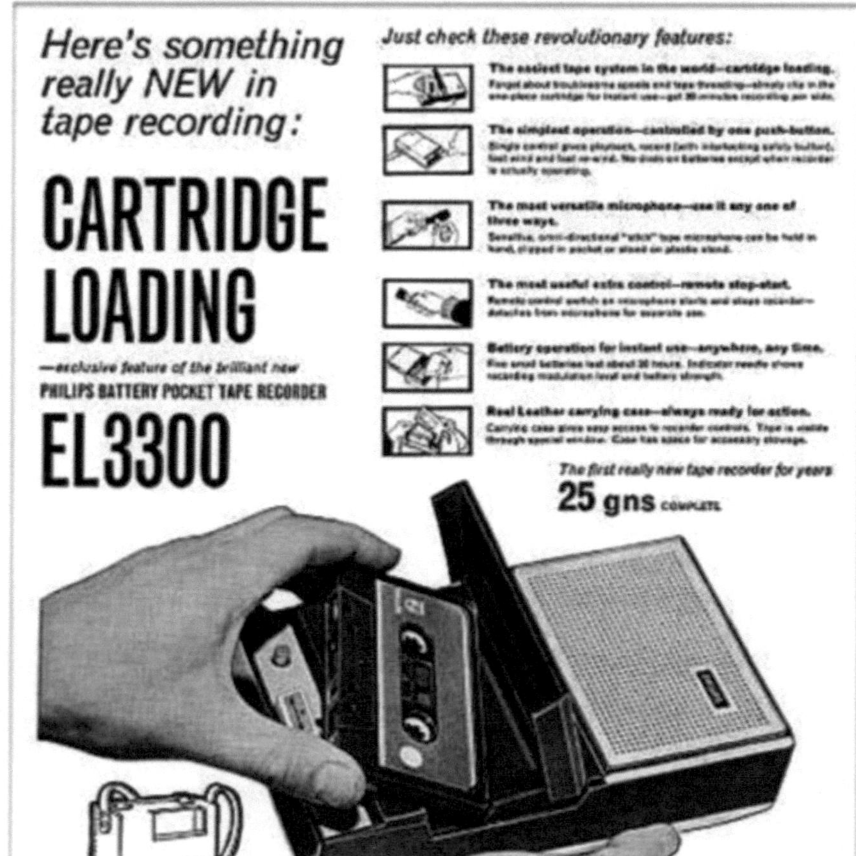